2018年　2018（总第20册）

主管单位：中华人民共和国住房和城乡建设部
　　　　　中华人民共和国教育部
主办单位：教育部高等学校建筑学专业教学指导分委员会
　　　　　全国高等学校建筑学专业教育评估委员会
　　　　　中国建筑学会
　　　　　中国建筑工业出版社
协办单位：清华大学建筑学院　　　　同济大学建筑与城规学院
　　　　　东南大学建筑学院　　　　天津大学建筑学院
　　　　　重庆大学建筑与城规学院　哈尔滨工业大学建筑学院
　　　　　西安建筑科技大学建筑学院　华南理工大学建筑学院

顾　　问：（以姓氏笔画为序）
齐　康　关肇邺　李道增　吴良镛　何镜堂　张祖刚　张锦秋
郑时龄　钟训正　彭一刚　鲍家声
社　　长：沈元勤
主管副社长：欧阳东

主　　编：仲德崑
执行主编：李　东
主编助理：屠苏南

编辑部
主　　任：陈夕涛
编　　辑：徐昌强
特邀学术编辑：（以姓氏笔画为序）
王　蔚　王方戟　邓智勇　史永高　冯　江　冯　路　李旭佳
张　斌　顾红男　郭红雨　黄　瓴　黄　勇　萧红颜　谭刚毅
魏泽松　魏皓严
装帧设计：编辑部
平面设计：边　琨
营销编辑：柳　涛
版式制作：北京嘉泰利德公司制版

编委会主任：仲德崑　朱文一　赵　琦　咸大庆
编委会委员：（以姓氏笔画为序）
丁沃沃　马树新　马清运　王　竹　王建国　王洪礼　毛　刚
孔宇航　吕　舟　吕品晶　朱　玲　朱小地　朱文一　仲德崑
刘加平　刘　甦　刘　塨　刘克成　庄惟敏　关瑞明　孙一民
孙　澄　杜春兰　李子萍　李兴钢　李　早　李岳岩　李保峰
李振宇　李晓峰　时　匡　吴长福　吴庆洲　吴志强　吴英凡
沈　迪　沈中伟　张　颀　张玉坤　张成龙　张兴国　张　利
张　彤　张伶伶　张珊珊　陈　薇　陈伯超　邵韦平　范　悦
周　畅　周若祁　单　军　孟建民　赵　辰　赵万民　赵红红
饶小军　秦佑国　桂学文　夏铸九　顾大庆　徐　雷　徐行川
徐洪澎　凌世德　唐玉恩　黄　耘　黄　薇　曹亮功　龚　恺
常　青　常志刚　崔　愷　梅洪元　梁　雪　梁应添　韩冬青
覃　力　曾　坚　魏宏杨　魏春雨
海外编委：张永和　赖德霖（美）黄绯斐（德）王才强（新）何晓昕（英）

编　　辑：《中国建筑教育》编辑部
地　　址：北京海淀区三里河路9号　中国建筑工业出版社　邮编：100037
电　　话：010-58337110　58337432　58337430
投稿邮箱：2822667140@qq.com
出　　版：中国建筑工业出版社
发　　行：中国建筑工业出版社
法律顾问：唐　玮

CHINA ARCHITECTURAL EDUCATION

Consultants:
Qi Kang　Guan Zhaoye　Li Daozeng　Wu Liangyong　He Jingtang
Zhang Zugang　Zhang Jinqiu　Zheng Shiling　Zhong Xunzheng
Peng Yigang　Bao Jiasheng
President:
Shen Yuanqin
Editor-in-Chief:　　　　　　　　　**Editoral Staff**:
Zhong Dekun　　　　　　　　　　　　Chen Xitao　Xu Changqiang
Deputy Editor-in-Chief:　　　　　**Sponsor**:
Li Dong　　　　　　　　　　　　　　China Architecture & Building Press

图书在版编目（CIP）数据

中国建筑教育. 2018. 总第20册 /《中国建筑教育》编辑部编著. —北京：中国建筑工业出版社，2019.8

ISBN 978-7-112-24071-5

Ⅰ.①中… Ⅱ.①中… Ⅲ.①建筑学-教育研究-中国　Ⅳ.①TU-4

中国版本图书馆CIP数据核字（2019）第167777号

开本：880×1230毫米　1/16　印张：8　字数：268千字
2019年8月第一版　2019年8月第一次印刷
定价：30.00元
ISBN 978-7-112-24071-5
（34533）

中国建筑工业出版社出版、发行（北京海淀三里河路9号）
各地新华书店、建筑书店经销
天津翔远印刷有限公司印刷
本社网址：http://www.cabp.com.cn　中国建筑书店：http://www.china-building.com.cn
本社淘宝天猫商城：http://zgjzgycbs.tmall.com　博库书城：http://www.bookuu.com
请关注《中国建筑教育》新浪官方微博：@中国建筑教育_编辑部
请关注微信公众号：《中国建筑教育》
版权所有　翻印必究
如有印装质量问题，可寄本社退换
（邮政编码100037）

目 录

云亭（摄影；陈颖）

主编寄语

《中国建筑教育》第 20 期即将和读者见面了，作为主编，借此机会和全国建筑教育界的同仁们说几句话。

《中国建筑教育》是全国高等学校建筑学教学指导委员会、全国高等学校建筑学专业教育评估委员会、中国建筑学会和中国建筑工业出版社联合主办的刊物，其宗旨是为全国高等学校的教师提供一个交流的平台，以推动我国建筑教育的研究、改革和健康发展。我们会继续贯彻这一宗旨，把刊物越办越好。

本期共分为建筑教育与教学、数字化设计与教学研究、建筑设计研究与教学以及教学札记等栏目。

在"建筑教育与教学"栏目中，我们发表了 3 篇有关讨论师资队伍构成、建筑学大类招生、教育信息化等建筑教育中大家关心的问题的文章，以期引起业界重视。

数字化设计与教学是近年来热门的话题，因此，在"数字化设计与教学研究"栏目中，我们发表了南京大学、深圳大学和武汉大学的 3 篇论文，很值得一读。

"建筑设计研究与教学"栏目一直是本刊最为重要的板块，在这个栏目中我们向读者推出了 6 篇重头文章，这些探讨和研究一定会引起读者的关注。

"教学札记"栏目是教师们对于教学过程中的新的关注点以及教学体会所做的记录，通过和读者分享，以期引起共鸣。

本期的最后，公布了 2018《中国建筑教育》"清润奖"大学生论文竞赛的获奖名单。我们对获奖的同学表示祝贺，感谢相关指导教师的辛勤工作，同时特别感谢在繁忙工作中辛苦审阅几百篇参赛论文的各位评委。2019 年的"清润奖"大学生论文竞赛正在如火如荼地进行之中，我们期待在新的年度涌现出更多的优秀论文。最后，由于篇幅有限，我们只选登了一篇获奖论文，以飨读者。

主编 仲德崑

基于第四轮学科评估下的我国建筑院校师资教育背景及"近亲繁殖"现象研究

赵潇欣

Research on the Architecture Educators'
Education Background and "Faculty
Inbreeding" in Chinese Architecture Schools
Based on the 4th Discipline Assessment

■摘要：本文主要以教育部学科评估指标中的职称结构、学缘结构、海外经历为参考，统计研究了我国建筑学教师师资队伍的基本情况。本文起篇简要介绍了我国建筑教育的建立，起步与发展的历史；随后，参照学科评估分级，选取了四个等级的八所建筑院校，运用统计方法，分析了这八所建筑院校的师资海外教育背景情况。统计结果表明，日本、美国、瑞士的建筑教育对我国当前建筑教育的影响较大，且我国不同建筑院校受海外建筑院校影响有着明显的差异；其次，对这八所高校教师教育背景的统计表明，我国建筑院校的"近亲繁殖"（Faculty Inbreeding）现象十分严重，可能会带来我国建筑教育的多样性与创新性的局限。

■关键词：中国 建筑教育 布扎 近亲繁殖

Abstract：Based on the index of the subject evaluation of the ministry of education (e.g., academic title, educators' education background and oversea experience), this paper aims to understand the architectural educators' status in China. Initially, the author introduces the establishment of the architectural education in China. Then, the author investigates the contemporary architectural teachers' education background with the statistic method within eight architecture schools in four levels based on the result of the subject evaluation. As a result, the author discovers two things. First, architectural schools in Japan, US, and Switzerland have the significant impact on the contemporary architectural educators in China and these influence varies on different universities. Second, the faculty inbreeding in architectural schools is severe, which may have a negative influence on the diversity and innovation of architectural education in China.

Key words：China；architectural education；Beaux-arts；faculty inbreeding

20世纪的中国建筑教育

海外的建筑教育，自从巴黎美院的"布扎"（Beaux-arts）教学法建立，系统化的建筑教育已经存在了三百多年[1]。1890 年，美国的一批顶尖建筑院校，如麻省理工、哥伦比亚大学、康奈尔大学、密歇根大学、宾夕法尼亚大学已经开始实行布扎教学法[2]。巴黎美院的一批骨干力量在那个年代迁往美国，并以宾夕法尼亚大学为大本营，奠定了美国建筑院校中，以布扎教学法为主流的教学模式。而中国建筑长久以来是一项以木构房屋建造的传统手工艺，由师徒制模式传承，而从来没有系统的学术型教育。作为学术研究和职业建筑师培训的中国建筑教育，则于 20 世纪海外学成归国的建筑留学生创立。

中国的体系化的建筑教育，可追溯至东京高等工业学校（现东京工业大学）毕业生柳士英和刘敦桢创办于 1923 年的中国第一所现代建筑教育院校——苏州工专建筑科，其影响也不过百年。作为中国建筑教育的摇篮，1927 年苏州工专并入当时的国立东南大学，后该校多次易名（最为著名的当属国立中央大学）。建筑学科在中央大学时期达到顶峰，除了来自东京高等工业学校的柳士英和刘敦桢之外，还主要包括来自美国著名建筑高校的刘福泰（俄勒冈州立大学）、卢树森（宾夕法尼亚大学）、鲍鼎（伊利诺伊大学）等一批老一辈建筑教育家[3]，因此也明显地受到了"布扎"教学体系的影响。

1928 年，梁思成从宾夕法尼亚大学毕业，应东北大学之邀，在该校建立了中国第二所建筑系。由于该校大多数教职员工皆毕业于宾夕法尼亚大学，所以东北大学建筑系成了宾大建筑系在中国的一个复制品[4]。相比于中央大学来说，东北大学建筑教育体系更加关注历史与理论、历史建筑风格的学习与教授，并更加严格地效仿了宾大建筑系的"布扎"建筑教育体系；同时，这也是出于梁思成对建筑历史的浓厚兴趣[5][6]。不幸的是，由于日本侵略中国东北，东北大学建筑系于 1931 年被迫解散。之后，中央大学也因为中日战争于 1937 年临时迁校至重庆。也就是在那时，中央大学邀请了童寯以及东北大学的部分教职员工，和宾大毕业的建筑师如杨廷宝来任教。这次的人事变动，使得"布扎"的教学体系，正式在中国的建筑系中扎根下来[7]。

相较于"布扎"教学法，现代主义建筑思潮产生于 19 世纪后期，并于 20 世纪 30 年代末期传入美国。梁思成等早一批建筑留学生并未受到其熏陶，而留学稍晚于他们的黄作燊等人，将现代主义建筑思想引入中国建筑教育。黄作燊从伦敦建筑学院（AA）毕业后，于 1938—1941 年间就读于哈佛大学设计学院（GSD）[1]，并师从现代主义建筑大师格罗皮乌斯。深受现代主义建筑思想影响的黄作燊回国创立了圣约翰大学建筑系，引入了现代建筑教育的体系与方法[8]。1946 年，梁思成创立清华大学建筑系，并出任系主任。创系不久，受耶鲁大学之邀，梁思成第二次前往美国，参观了美国当时的现代主义建筑，并访问了格罗皮乌斯、柯布西耶、莱特、埃罗·沙里宁等现代主义建筑大师。这次访问使得梁思成意识到了"布扎"建筑教育体系的弊端，深刻了解并决定引入现代主义建筑思想，将其与"布扎"艺术进行融合，回国后在清华大学设置了新的课程体系[9]；同时，与这些大师的交流合作极大地扩展了梁思成在城市规划与建筑等方面的教育观念[10]。

为了与民国时期的意识形态彻底断裂，新中国成立后的 1952 年，新中国政府大规模调整了全国高等学校的院系设置，全面效仿苏联教育模式并取代民国时期效仿英美构建的高校体系，将中国高等教育进行了一次重新洗牌。在新中国成立之初，急需大规模进行工业化建设的背景下，这次院系调整除保留少数文理科综合性大学外，主要按行业归口，大力发展独立建制的工科院校，相继新设钢铁、地质、航空、矿业、水利等专门学院和专业。至此中国建筑教育中的"老八校"形成了。不幸的是，中国建筑教育乃至整个高等教育刚刚开始步入正轨，又被文化大革命（1966—1976）打断了。直至 1977 年高考恢复和 1978 年改革开放，中国建筑高等教育才逐渐恢复起来[11]。

改革开放后，中国与境外建筑院校的交流逐渐加强，并不断从交流中汲取经验，调整自身的教学方法。在所有学术交流中，对如今建筑教育有着独特影响的是 20 世纪 80 年代东南大学和苏黎世联邦理工大学（ETH）的青年教师交流项目。ETH 的教学理念可以追溯到 20 世纪 50 年代的美国德克萨斯大学"德州骑警"[2]（Texas Ranger）创立的教学法。"德州骑警"教学改革关注重点在于空间设计的可教授性。著名的九宫格设计训练，便是他们创造的空间训练模式之一[12]。这种激进的教育改革，受到部分老教授的反对，而被迫停止。由于无法推进教学改革，其重要成员之一，伯纳德·霍伊斯里（Bernhard Hoesli）只能离开，后受聘于 ETH 建筑系，并在该校尝试"德州骑警"的空间教学改革。历经二十多年的教学发展与实践，以空间为核心的教学法，在 ETH 时任系主任赫伯特·克拉美尔（Herbert E. Kramel）时期，又逐渐发展出"空间"与"建构"两大主题。因此，参与交流项目的东南大学青年教师们也受到 ETH 的"Kramel 教学法"的影响。当这些青年教师带着新的建筑教育理念回到东南大学，并尝试进行建筑教育改革时，同样的情况发生了，东南大学的部分老教师担心改革失败带来的影响，而拒绝在东南大学进行实验性改革。恰逢，同城的南京大学急需建立工科院系，以增强自己的综合实力，因此邀请这一批青年教师来南京大学建立建筑学院[13]。

---

1 AA、GSD 在 20 世纪 30 年代皆经历了摆脱布扎教育体系，推行现代主义建筑教育改革的过程。
2 德州骑警，是得克萨斯大学建筑系一帮青年教师所创立的组织，其成员有伯纳德·霍伊斯里（Bernhard Hoesli）、柯林·罗（Colin Rowe）、约翰·海杜克（John Hejduk）、罗伯特·斯拉茨基（Robert Slutzky）等人。

综上所述，建筑教育理念与教学法最早通过海外留学生归国创立建筑学科，而后在各建筑院校中有着明显的教学传承关系，奠定了各校的教学思想体系，深刻影响着中国的建筑教育系统。而本研究通过统计方法，着重讨论了海外教育经历对当前我国建筑院校的师资力量影响，以及建筑院校中的"近亲繁殖"现象的讨论。具体的研究样本，则根据2017年教育部对建筑学科的评估上榜高校中选择。

建筑院校的学科评估

自1949年新中国建立到1966年"文革"之前，被战乱影响许久的中国高等教育逐步走入正轨，中国的大学的数量、教师以及学生人数均达到空前规模。然而，"文革"这十年的空白时期历史阶段使中国高等教育再次遭受重创，导致了1977年恢复高考招生后，我国的高校极度缺乏学者与教师。因此，在恢复高等教育的前几批本科毕业生中，有相当一部分直接留校被作为助教或讲师。

就建筑教育而言，由于城市建设的需求，近30年来我国建筑院校在数量上成倍增长[14]，但水平参差不齐。为了控制高等教育质量，教育部组织了多次教学评估。2017年，教育部按学科门类进行了第四轮教学评估，并发布了第四轮学科评估指标体系及有关说明（表1）。其中，"S1.师资队伍质量"中职称结构、学缘结构、海外经历是师资队伍，也是学科评估的重要指标。在建筑学的评估分级中，37所上榜的建筑院校（54所参评）被评为A+、A−、B+、B、B−、C+、C、C−八个级别。由于多数B−评级及以下的建筑学院官网的师资情况资料不完整，笔者将本文的研究对象设定为A+、A−、B+、B四个级别的建筑院校，并在这四个级别的建筑院校中各取两所，共八所学校，进行分析比较，分别是清华大学、东南大学、同济大学、天津大学、华中科技大学、重庆大学、南京大学、武汉大学。研究共收集了449名教师的基本信息[1]，包括职称结构、学位来源高校以及学术访问高校等。

八所建筑院校教师的职称结构

由于学科评估指标体系将师资质量、师资数量作为重要的评价指标，其中职称结构又是一项具体指标，因此笔者统计了以上八所学校的职称结构（图1）。截至2017年底，从统计结果来看，基本与评价等级相符合。

就教师数量来看，A+和A−等级的学校建筑系拥有更多的教师；B+等级其次；B等级的最少。当然，这与南京大学和武汉大学建筑系成立时间较短有一定关系。就教师的职称结构来看，同济大学（33人）、清华大学（30人）、天津大学（29人）拥有较多数量的教授；东南大学（17人）、重庆大学（17人）、南京大学（11人）、华中科技大学（10人）次之；武汉大学建筑学教授仅有4人。同时，从各校副教授数量来看，A+和A−级别的学校也多于B+和B级别的学校。A+（除清华大学外）、A−和B+的学校中，讲师的数量约为B级学校的2~3倍。清华大学的讲师数量远少于其教授与副教授的总数，显得后备师资力量不足。东南大学、华中科技大学、武汉大学副教授的数量远多于教授和讲师数量。就其自身职称结构来看，重庆大学的讲师数量最多，副教授、教授数量递减，与清华大学的职称结构正好相反。

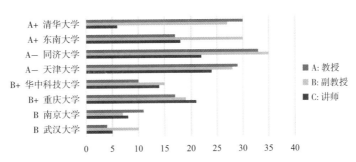

图1 各校教授、副教授、讲师数量统计比较

就教师拥有博士学位数量而言，A+、A−、B等级的学校80%以上的教师拥有博士学位；B+等级学校约65%至75%的教师是博士（图2上）。2000年之后，拥有博士学位的教师数量逐渐增多，在此之前，仅老四校和重庆大学的教师拥有博士学位（图2下）。

八所建筑院校教师的学缘结构

改革开放后，出国学习与国际交流机会增多，许多高校教师在海外高校度过其大学时期，并获取了海

---

[1] 统计只选取了建筑学学科包括建筑设计、历史与理论、建筑技术以及城市设计，而城市规划、景观设计、室内设计等学科，没有纳入考量范围之内。

第四轮学科评估指标体系（建筑学／城乡规划学／风景园林学学科） 表 1

一级指标	二级指标	三级指标	三级指标说明	数据来源
A. 师资队伍与资源	A1. 师资质量	S1. 师资队伍质量▲	提供师资队伍的年龄结构、学历结构、学缘结构、职称结构、海外经历等基本情况；提供 20 名骨干教师（其中青年教师不少于 6 名）情况（年龄、学科方向、学术头衔、学术兼职等情况）和团队情况，由专家对师资队伍的水平、结构、国际化情况等进行综合评价。	学校填报
	A2. 师资数量	S2. 专任教师数（设置上限）	本学科专任教师总数。此指标设置"上限"，超过"上限"均为满分	学校填报
B. 人才培养质量	B1. 培养过程质量	S3. 课程教学质量	①国家级教学成果奖、研究生教育成果奖、省级（按省做标准化处理）及军队教学成果奖②国家级精品视频公开课、国家级精品资源共享课、教育部来华留学英语授课品牌课。	公共数据
		S4. 导师指导质量▲（试点）	对在校生进行问卷调查，考察导师对学生的指导情况。	问卷调查
		S5. 学生国际交流	①赴境外学习交流连续超过 90 天的学生；②来华学习交流连续超过 90 天的境外学生（含授予这位学生）；③中外合作办学机构／项目质量。	学校填报
	B2. 在校生质量	S6. 学位论文质量	全国博士学位论文抽检情况。	公共数据
		S7. 优秀在校生▲	列举 15 名优秀在校学生并简要介绍其主要在学成果（如参加竞赛获奖、参加重要科研项目、取得重要科研成果、创新创业成功、获得科研奖励或其他荣誉称号等），由专家进行评价。	学校填报
		S8. 授予学位数（设置上限）	授予博士和硕士学位人数。设置"上限"，超过"上限"均为满分。	公共数据
	B3. 毕业生质量	S9. 优秀毕业生▲	提供近四年毕业生的总体就业情况（就业率、就业方向、就业质量等），并列举 20 名近十五年优秀博士、硕士毕业生，由专家进行评价。	学校填报
C. 研究创作水平（含教师和学生）	C1. 科研成果	S10. 学术论文质量△	①均被 SCI、SSCI、EI、A&HCI、CSCD、CSSCI 及补充期刊（清单见附件 2-2）收录的论文或作品；② 30 篇代表性论文（国内论文不少于 10 篇，同一人员最多填写 5 篇），由专家参考论文引用、期刊档次等情况对论文的实际水平进行评价。	公共数据／学校填报
		S11. 出版专著	近四年出版的学术专著（仅统计"著"的情况，译著、编著、教材、教学用书不计入内）；入选国家哲学社会科学成果文库或出版译本的专著加分。	学校填报
		S12. 出版教材	近四年获批的"十二五"国家级规划教材。	公共数据
	C2. 科研获奖	S13. 科研获奖	①国家最高科学技术奖、国家自然科学奖、技术发明奖、科技进步奖；②教育部高校科研成果奖（科学技术、人文社科）；③省级科研获奖（清单见附件 2-1）、其他部级科研获奖（获奖证书上需盖有关部委"国徽章"）、华夏建设科学技术奖、何梁何利科技奖【"风景园林学学科"还包括"梁希林业科学技术奖"】。	公共数据
	C3. 科研项目	S14. 科研项目（含人均情况）	①国家科技重大专项、国家 863 计划、国家 973 计划、国家科技支撑计划、国家软科学研究计划、国际科技合作专项、科技基础性工作专项、国家自然科学基金、国家社会科学基金、全国教育科学规划课题；②省部级及重要横向科研项目（限填 50 项）。	学校填报
	C4. 建筑设计	S15. 建筑设计奖	设计作品获得国内外重要奖项（清单见附件 2-3）。	学校填报
D. 社会服务与学科声誉	D1. 社会服务贡献	S16. 社会服务特色与贡献▲	提供学科在社会服务方面的主要贡献及典型案例，包括但不限于：推动科技成果转化；服务地方经济建设或国防事业；举办重要学术会议、创办学术期刊、引领学术发展；推进科学普及、承担社会公共服务；发挥智库作用，为制订政策法规、发展规划、行业标准提供咨询建议并获得采纳等。由同行专家进行评价。	学校填报
	D2. 学科声誉	S17. 学科声誉▲	同行和行业专家参考《学科简介》（包括本学科的定位与目标、优势与特色、人才培养目标、学科方向设置、国内外影响等），对学术声誉和学术道德进行评价。	问卷调查

注：1. 以上共 4 项一级指标、11 项二级指标、17 项三级指标，标"▲"的为主观评价指标，标"△"的为部分主观评价指标；
2. "试点"指标主要体现导向，在本轮评估中权重较小；
3. 指标权重由各学科专家提出建议，学位中心使用其平均值为最终权重；
4. 本指标体系中的"学生"指博士、硕士研究生，不包括本科生。

外的学位（图 3）。在统计的八所建筑院校中，仅有 4 名教师（其中 3 人为非华人）分别在日本、德国、土耳其和意大利获取了海外学士学位。41 名教师获取了海外硕士学位（包括在国内高校获得硕士学位后，出国学习获得第二个海外硕士学位）。统计显示，海外硕士学位来源最多的国家分别是日本（9 人）、美国（6 人）、瑞士（6 人）、英国（4 人）；海外硕士学位来源最多的建筑院校分别是 ETH（6 人）、哈佛大学（5 人）、名古屋大学和剑桥大学（3 人）。71 名教师拥有海外博士学位，远超海外本科和硕士学位的数量（图 4）。海外

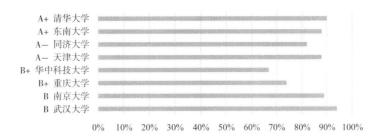

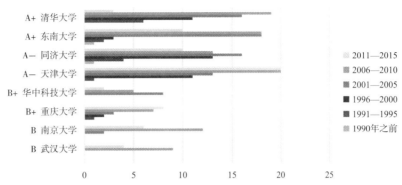

图2 各校教师博士学位比例（上）和博士学位授予时间（下）

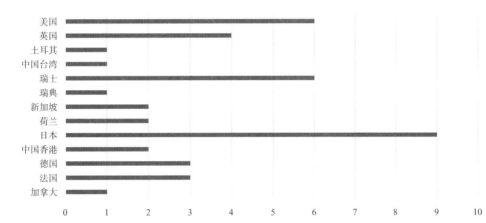

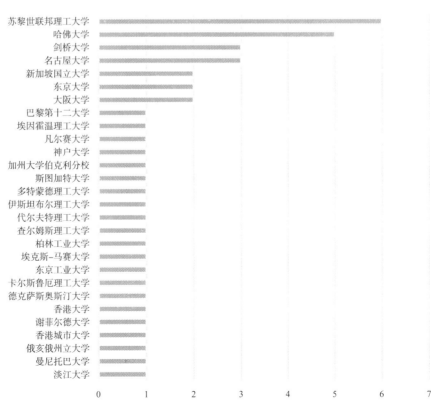

图3 八所建筑院校教师海外获得硕士学位统计

博士学位来源最多的国家和地区分别是日本（24人）、英国（10人）、美国（8人）、中国香港和德国（各6人）。统计显示，在日本获得博士学位的建筑学教师在这八所学校建筑系任教的人数占绝对优势。其中，毕业于东京大学和京都大学的教师又各有8人，远超其他日本建筑高校。

八所建筑院校教师的海外经历

随着全国高校争相建立"世界一流大学"，许多学校或明或暗地设立了高校教师职称评估需要一至两年的海外学术访问的规定。表1中的"S1.师资队伍质量"中也显示海外经历是学科评估的重要指标之一。

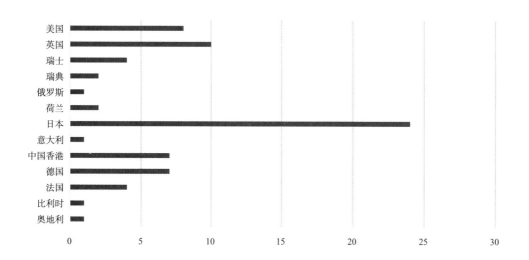

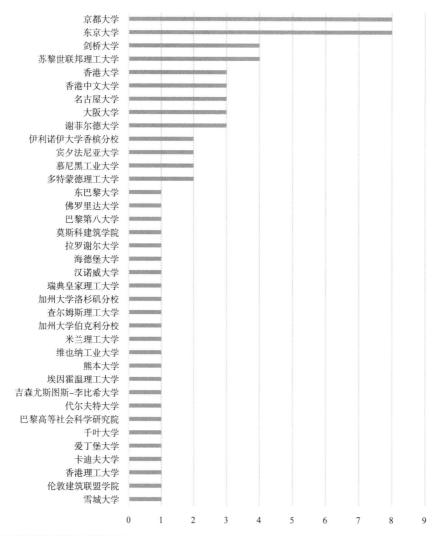

图4　八所建筑院校教师海外获得博士学位统计

国内建筑院校	海外建筑院校
清华大学 Tsinghua University	意大利：罗马大学 (5) 美国：哈佛大学 (5) 日本：京都大学 (4) 美国：麻省理工大学 (2) 英国：剑桥大学 (2) 德国：慕尼黑工业大学 (2) ……
东南大学 Southeast University	瑞士：苏黎世联邦理工大学 (12) 瑞典：瑞典皇家理工大学 (4) 日本：京都大学 (3) 美国：宾夕法尼亚大学 (2) 中国香港：香港中文大学 (2) ……
同济大学 Tongji University	中国香港：香港大学 (6) 美国：麻省理工大学 (5) 德国：斯图加特大学 (4) 美国：哈佛大学 (3) 意大利：帕维亚大学 (3) 日本：大阪大学 (3) 德国：多特蒙德理工大学 (2) 中国香港：香港中文大学 (2) 德国：柏林工业大学 (2) 意大利：罗马大学 (2) 日本：东京大学 (2)
天津大学 Tianjin University	日本：东京大学 (3) 美国：爱荷华州立大学 (2) 美国：宾夕法尼亚大学 (2) 美国：路易斯维尔大学 (2) 英国：卡迪夫大学 (2) (2) ……
华中科技大学 Huazhong University of Science and Technology	英国：谢菲尔德大学 (3) 日本：东京大学 (3) ……
重庆大学 Chongqing University	澳大利亚：昆士兰大学 (3) 加拿大：曼尼托巴大学 (2) 英国：谢菲尔德大学 (2) ……
南京大学 Nanjing University	瑞士：苏黎世联邦理工大学 (8) 英国：剑桥大学 (3) ……
武汉大学 Wuhan University	美国：哈佛大学 (1) 美国：加州大学伯克利分校 (1) 瑞士：苏黎世联邦理工大学 (1) 英国：谢菲尔德大学 (1) ……

据笔者统计，所有交流访问的国家中，美国（50人）、瑞士（21人）、英国（16人）、德国（15人）、意大利（13人）是排名前五的建筑系教师访问国家。尽管前往美国学术交流最多，但访问学者交流访问的美国高校分布较广泛。访问相对集中的美国高校为麻省理工学院（9人）、哈佛大学（7人）、宾夕法尼亚大学（6人）。与美国情况相反的，在瑞士和意大利访问的学者几乎都集中于ETH和罗马大学，分别有20人和9人。

以上是海外各国高校对选取的八所建筑院校的综合影响。表2则按八所院校为单位，分别统计了各校教师学位的来源在海外高校的分布情况。因为仅有4位教师拥有海外本科学位，所以，下表忽略了海外学士学位的数据，仅合并统计了海外硕士与博士学位的分布情况，且若同一人在同一所海外高校同时获得硕博学位，仅计算一次。

表2显示了八所建筑院校受到不同海外高校的影响。这些区别来自于历史原因或是交流合作原因。如东南大学和南京大学明显受到了ETH的深刻影响，正如前文提到的20世纪80年代东南大学和ETH的青年教师交流项目，以及东南大学中一批交流回国的青年教师创

立的南京大学建筑系。此外，同济大学建筑系在建系之初便深受德国包豪斯设计理念影响；因此，该院教师倾向于前往现代主义盛行的德国、美国和日本进行进修访问。

我国建筑院校的"近亲繁殖"现象

尽管拥有海外学位和海外访问经历的教师数量不断增多，建筑院校的"近亲繁殖"现象仍然十分明显。"近亲繁殖"这一概念，最早于1935年由Eells & Cleveland提出，指留任曾在本校学习过的学生，包括本硕博的任一阶段或者多个阶段[15]。"近亲繁殖"还有另一种形式，即虽然拥有本校学习经历，但也在外校工作过，称为"衣锦还乡"（Silver-Corded）[16]。哈佛大学曾严格控制本校毕业生的留校比例，鼓励毕业生前往其他院校，搞活学术氛围。"近亲繁殖"聘用本校毕业生，有师承关系，研究效率高，催生了诸多有研究深度的"学派"，如"法兰克福学派""芝加哥学派"等；但同时也造成了学术的封闭和交流的短缺。教育界主流观点认为"近亲"教师在学术发展上相对迟缓，学术产出和外部认可也低于外来教师[17]。然而，高等教育研究者张冰冰指出"近亲繁殖"对教师的论文产出并无不利影响，但博士后经历和海外访学经历对近亲教师的论文产出具有显著的提升作用[18]。

根据本次研究的八所建筑院校教师获取学位与任职统计显示，学科评估等级越高的学校，其"近亲繁殖"比例越高（图5）。除华中科技大学外，其余六所A+、A-和B+级高校建筑系中，其半数以上教师曾在该校有过学习经历。这其中，天津大学的教师中超过80%拥有该校的硕士学位；重庆大学的教师中则超过80%拥有该校的硕士或博士学位。南京大学建筑学院则是2000年刚刚建立，并以研究生教育为起点，直至2007年才招收了第一届本科。因此该校教师的本科无一例外的都是外校授予的，而教师中拥有本校硕士和博士学位的也仅仅分别占21%和39%。

"近亲繁殖"延续了一个学校的教学理念和传统；同时，也抑制了一个学院的学术多样性与创新性。"纯外来"教师（本、硕、博无任何一阶段在该校学习）来自不同的学术背景与研究经历可能更能增强一个学院的学术多样性与创新性。图5中的表格，显示了各校教师拥有该校本、硕、博的学位比例，据此我们可以计算出各校非本校本、硕、博阶段教师的比例，进而相乘得出"纯外来"教师的比例。以清华大学为例，73%的教师拥有该校本科学位，意味着27%的教师本科阶段不在清华大学就读。同样的，30%和32%的教师硕、博阶段没有在清华大学就读，因此我们可以算出，清华大学建筑系"纯外来"教师比例仅为2.59%。

据上述方法，图6表达了八所建筑系"纯外来"教师的比例。其中重庆大学、天津大学、清华大学、东南大学的"纯外来"教师比例低于3%，也就是说97%的教师都曾在本校学习过。据统计，在2006—2007年度中，中国15所著名大学，平均"近亲繁殖"率为55%，到2013年为28%[19]。显然，我国建筑学院的"近亲繁殖"率远高于全国高校平均水平。

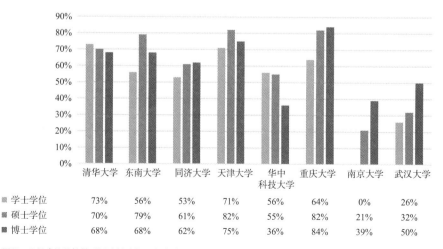

	清华大学	东南大学	同济大学	天津大学	华中科技大学	重庆大学	南京大学	武汉大学
▪ 学士学位	73%	56%	53%	71%	56%	64%	0%	26%
▪ 硕士学位	70%	79%	61%	82%	55%	82%	21%	32%
▪ 博士学位	68%	68%	62%	75%	36%	84%	39%	50%

图5 八所建筑院校的"近亲繁殖"现象统计

图6 八所建筑院校的"纯外来"教师比例

讨论与总结

海外院校对中国建筑教育的影响有历史和政治原因。在鸦片战争和中日战争之后，我国政府也积极公派留学生出国学习。这些留学生有的带回了"布扎"等理念建立了中国早期的建筑教育。同时由于日本侵华战争、中国内战、"文化大革命"等历史时期中断了建筑教育，使我们错失了现代主义的思潮。改革开放后，随着国际学术交流的增强，瑞士、美国、日本等国家的建筑教育理念影响了中国建筑界的教师群体。就硕士阶段的影响来看，主要集中于瑞士的ETH，美国的哈佛大学，日本的名古屋大学、东京大学、大阪大学。就博士阶段的影响来看，主要来自日本、英国、美国、中国香港、德国等地，而具体学校的影响不是非常明显。尤其是日本对我国建筑教育影响很大，在本次统计的八所学校中，有约三分之一的教师在日本获得了博士学位。

近些年，我国985和211高校对教师招聘的要求已经普遍提高到博士学位，硕士学位已经几乎不能进入这些高校谋求一个教职。截至2017年底，我国能授予建筑学博士学位的高校只有16所[1]。而这些建筑院校也更愿意招收自己的优秀毕业生作为新教师，导致了建筑院校的"近亲繁殖"现象。

"近亲繁殖"可能引起国内与国际学术交流的局限。这点可以从中国高校建筑学院有限的SCI/SSCI/A&HCI国际期刊论文中体现。国际期刊论文的匮乏并不仅仅是因为语言障碍的问题，更因为我国的建筑学教育几乎只教授学生如何做设计，而很少教授学生如何做研究并撰写论文。甚至一些教师也并没有受到过正规的论文写作训练。相比来说，海外高校更加注重学科的研究性，并教授和讨论如何开展研究以及撰写论文。因此引入一些受过海外研究训练的毕业生进入中国的建筑教育界，更能减少其"近亲繁殖"率，提高学术多样性和国际影响力。尽管有研究表明，"近亲"教师的才能不逊色于"非近亲"教师，且由于能更顺利地融入本校研究团队的工作，而在著作、论文、综述与其他成果数量上，比外来教师表现出更明显的优势[20]。但显然，"近亲"凭借其团队力量，仅在同一课题的挖掘深度上有着一定优势，而在多样性和创新性上是缺乏的。例如，中国的建筑教育一直是在引入国外的教学法，从"布扎"，到Bauhaus，再到Kramel模式，却鲜有自我创新和革命，可能也是"近亲繁殖"的弊端之一。

最后，经过了十多年的飞速建设发展，中国的城市化进程进入到一个相对缓慢发展的过程。在这个过程中，我们可以明显地感受到建筑设计在解决社会问题面前的无力，并在网络上流传为"劝退"专业。此时，从建筑教育的角度，我们更应该将建筑学发展为一种多维化思考，从"建筑设计"走向真的"建筑学"。这需要各建筑院校注重除了建筑设计课程之外的，更要跳出建筑设计的局限，从更大的社会学、经济学、文化人类学、人文地理学等诸多角度考虑建筑所扮演的角色和意义，以数字化、人文、环保等主题，让城市发展在经济、社会、环境上更加可持续。因此，也要求我们的建筑院校更加开放、多元，合理控制"近亲繁殖"率，多引入跨学科人才，加强跨学科合作，将建筑教育引入创新之路。

（注：本文在《当前中国建筑院校师资海外教育背景研究》一文的基础上，进一步统计分析了教师的职称结构和"近亲繁殖"，为揭示我国建筑院校师资教育背景的相关问题提供了更多角度。）

（基金项目：国家留学基金委项目，编号201506190144）

---

1 2018年底，北京建筑大学、深圳大学、华侨大学及昆明理工大学四所高校获批建筑学一级学科博士点，使全国建筑学学科博士点由原有的16个增加为20个。

参考文献

[1] EGBERT D d. The Beaux-arts Tradition in French Architecture: Illustrated by the Grands prix de Rome[M]. New Jersey: Princeton University Press, 1980: 125.

[2] JEFFREY W 等. CHINESE ARCHITECTURE STUDENTS AT THE UNIVERSITY OF PENNSYLVANIA IN THE 1920S Tradition, Exchange, and the Search for Modernity[G]//CODY J W 等. Chinese Architecture and the Beaux-Arts. Honolulu: University of Hawai'i Press, 2011.

[3] 潘谷西, 单踊. 关于苏州工专与中央大学建筑科 [J]. 建筑师, 1999, 90(10): 89-97.

[4] 顾大庆. 中国的"鲍扎"建筑教育之历史沿革——移植、本土化和抵抗 [J]. 建筑师, 2007(02):97-107.

[5] 涂欢. 东北大学建筑系及其教学体系述评 (1928—1931)[J]. 建筑学报, 2007(01):95-97.

[6] 赵辰. "民族主义"与"古典主义"——梁思成建筑理论体系的矛盾性与悲剧性之分析 [M]. 中国近代建筑研究与保护 II. 北京: 清华大学出版社, 2000: 77-86.

[7] RUAN X. Accidental Affinities: American Beaux-Arts in Twentieth-Century Chinese Architectural Education and Practice[J]. Journal of the Society of Architectural Historians, 2002, 61(1): 30-47.

[8] 侯丽. 包豪斯教育的跨国迁徙: 从德绍、哈佛设计学院到上海圣约翰大学[J]. 时代建筑, 2019(3): 12-19.

[9] LI S. Writing a Modern Chinese Architectural History: Liang Sicheng and Liang Qichao[J]. Journal of Architectural Education, 2002, 56(1): 34-45.

[10] 赖德霖. 梁思成建筑教育思想的形成及特色 [J]. 建筑学报, 1996(06):26-29.

[11] HANLON D L. Architectural Education in Post-Maoist China[J]. 1987, 41(1): 26-29.

[12] FOX S. Reviewed Work(s): The Texas Rangers: Notes from an Architectural Underground[J]. AA Files, 1995, 29: 100-102.

[13] 赵辰. 新体系的必要——南京大学建筑研究所教学、研究的构想 [J]. 建筑学报, 2002(04):38-39.

[14] 朱文一. 当代中国建筑教育考察 [J]. 建筑学报, 2010(10): 1-4.

[15] EELLS W C, CLEVELAND A C. Faculty Inbreeding[J]. The Journal of Higher Education, 1935, 6(5): 261-269.

[16] BERELSON B. Graduate Education in the United States[M]. New York: McGraw-Hill Book Company, 1960.

[17] WYER J C, CONRAD C F. Institutional Inbreeding Reexamined[J]. American Educational Research Journal, 1984, 21(1): 213-225.

[18] 张冰冰. 近亲繁殖会危害教师的学术生产力吗? [J]. 重庆高教研究, 2019(4): 1-9.

[19] SHEN H 等. Faculty Inbreeding in China: Status, Causes and Results[G]//Academic Inbreeding and Mobility in Higher Education. Global Perspectives. 2015: 73-98.

[20] MCGEE R. The Function of Institutional Inbreeding[J]. American Journal of Sociology, 1960, 65(5): 483-488.

图片来源:

作者自绘

作者: 赵潇欣, 澳大利亚昆士兰大学建筑学院, ATCH研究中心

建筑类院校大类招生现状与本科课程设置分析

曲艺　王珣

The present situation of large class enrolment and the analysis of undergraduate curriculum

■摘要:高校专业设置划分过细使得学生普遍存在口径窄、基础薄的问题,强化学生基础的"大类招生、分流培养"的人才培养新模式是我国高等教育改革的重要举措。本文首先对建筑学、城乡规划专业均通过本科教育评估的35所高校的大类招生情况进行梳理,将实行"大类招生、分流培养"的8所高校作为研究对象,发现现行大类招生可分为建筑规划景观类、建筑规划类、扩展建筑规划类、规划景观类、扩展规划景观类等5种模式。通过对8所高校建筑类专业的分流时间、课程设置等分析,发现5种模式中"建筑规划景观类"更利于人居环境的建设。研究也发现目前大类培养阶段专业类课程过于偏向建筑学方向,导致学生在专业分流时不能充分理解各专业的区别及差异,同时也不利于宽口径人才的培养。

■关键词:建筑类　大类招生　培养模式　课程设置　人才培养

Abstract: The division of professional settings in colleges and universities has made the students generally have the problems of narrow caliber and thin foundation, and a new type of personnel training mode of "enrollment for major categories and diversion training", which is based on students' fundamentals, is an important measure for the reform of higher education in our country. This paper firstly sorts 35 colleges whose subjects of architecture and urban planning both gain access in the nationally professional assessment of undergraduate education, finds out 8 colleges that implement "large-class enrollment and diversion training" as the research object, and finds that the current large-scale enrollment can be divided into five modes: Architectural Landscape Planning, Architectural Planning, Extended Architecture Planning, Planning Landscape, and Extended Planning Landscape. Based on the analysis of diversion time and curriculums of construction major in eight colleges and universities, it is found that Architectural Landscape Planning are more conducive to the construction of human settlements. At the same time, the study also found that at present, the specialized courses in the large-scale cultivation stage tend to be too much in the direction of architecture, resulting in the students not fully understanding the differences among the various professions in the professional diversion and not conducive to the cultivation of wide-caliber talents.

Key words: Architecture; large-class enrollment; training mode; curriculum; training of talents

一、绪言

（一）大类招生的背景与内涵

纵观世界名校的本科教育，哈佛大学、耶鲁大学、斯坦福大学等都推行通识教育，不按专业招生，而是通过一段时间基础知识的学习，高年级时再选择具体专业，旨在培养跨学科人才。改革开放以来，教育部共进行了 4 次专业目录修订工作[1]，导致目前我国高校实际的专业设置划分过细，使得学生们普遍存在口径窄、基础薄等问题，越来越难以适应市场经济时代对于复合型人才培养的要求。因此，我国部分高校尝试构建"大类招生、分流培养"的人才培养新模式，以强化学生的学科基础。

普遍认为"大类招生"是指高校在进行本科生招生时，将学科门类相同或相近的专业归类，按一个大类招生。"分流培养"则是指经大类招生的学生在低年级接受基础教育，学习公共基础及学科基础课程，对学科、专业有进一步了解后，再由学校综合考虑学生意愿、就业方向、社会需求等因素和双向选择原则进行专业分流，在高年级进行专业教育。"大类招生、分流培养"突破单一学科设置模式，实现"专才教育"向"通才教育"转变，是我国高等教育发展的趋势，凭借其有利于实现宽口径、厚基础的培养，适于因材施教，能为学生的个性发展与职业拓展奠定良好基础的优点[2]，近年来越来越被认同而逐步推行。

（二）研究状况述评

中国有关"大类招生"的研究最早见于 20 世纪 80 年代后期，北京大学提出"加强基础，淡化专业，因材施教，分流培养"的教学改革方针，并于 2001 年实施"元培计划"。至 2008 年已有大连理工大学、中南大学、四川大学等在建筑类专业[1]实施大类招生。

在西方国家，曾出现建筑学、城乡规划学、风景园林学三个学科各自为政的局面，从长远发展来看会产生许多问题[3]，在对以往经验总结的基础上，开始重视加强学科间的相互融合和系统协作，普遍强调交叉学科基础[4]，如美国建筑类院校非常重视"宽口径、厚基础"的培养，涉及的专业和学科领域跨度较大[5]。此外，发达国家的基础教育所占比重较大，如日本的建筑学在本科一、二、三年级不分专业，到四年级进一步选择专门化的主攻方向[6]。

在我国，建筑教育也是在不断变革的。传统的建筑教育更加注重单一学科的知识体系，以培养建筑设计人才为主旨，但是今天的建筑事业已不单纯是建筑设计。吴良镛提出专业过多、分工过细，不利于学生专业思想的全面形成和专业基础的牢靠建立，建筑教育应以广义的建筑观作为教育的框架[7]。具体来说，"建筑—地景—城市规划"三位一体，构成了人居环境的三大支柱学科，不论是从理论探索还是实际建设工程角度，建筑师和规划师都应该重视吸收跨学科知识，以解决城市问题。虽然建筑学、城乡规划学、风景园林学的学科内涵不同，但在学科发展的过程中，三者需要相互依赖、相互补充、相互配合，加强共同的知识基础[8]。以此来看，建筑学、城乡规划学、风景园林学存在实施大类招生的必要性。然而，在实际执行过程中，在分流阶段往往出现学生扎堆于某一专业的现象，给各高校造成了很大的困扰，甚至一些高校又无奈地退回到专业招生的老路上。

关于建筑类专业大类招生的研究尚为少见，主要散见于方岩等[9]，针对河南科技大学专业分流前教学体系完全依托于建筑学，不利于城乡规划专业学生的发展这一问题，对本科一年级教学提出几点建议，该层面的研究是涉及某些具体课程的研究。王竹[10]结合浙江大学的教育改革，蔡军等[11]从大连理工大学建筑规划类的教学计划与课时构成角度进行分析，二者均对本校的课程设置提出了一些建议。

大类招生不能只是招生方式的变革，必须是人才培养管理、课程体系、教学方式的整体改革[12]，而建筑类院校课程体系的设置直接关系着建筑教育和人才培养的质量。上述问题激发笔者对于大类招生背景下建筑类院校课程体系的思考，笔者将对建筑类院校的课程结构及大类培养阶段的相关课程进行分析，找出专业间培养方案的异同，来合理组织相关课程，以期为我国实施大类招生的建筑类院校进行课程设置时提供借鉴。

（三）研究目的与方法

本文旨在通过对建筑类专业实行大类招生的院校的课程结构进行归纳总结，以了解大类培养阶段通识类课程、专业类课程的设置情况。

从全国高等学校建筑学专业、城乡规划专业本科教育的评估标准来看，通过评估的院校，教学计划和

---

1 《普通高等学校本科专业目录（2012 年）》建筑类下设建筑学、城乡规划、风景园林三个专业。

课程体系较为科学合理，并且学生的水平也较高。故选择将35所通过专业教育评估的院校作为研究对象，根据其招生计划分析其建筑类专业大类招生的情况，再对其中实施大类招生院校的课程结构进行归纳总结。

二、建筑类专业大类招生情况

截至2016年5月，35所通过专业教育评估的学校中，有28所高校在不同程度上实施大类招生，比例高达80%。7所按专业招生的院校中有5所曾实施过大类招生，现已停止（表1）。

如图1所示，从2011年增设城乡规划学、风景园林学为一级学科开始，先后有四川大学、东南大学、大连理工大学、中南大学4所学校停止在建筑类专业实施大类招生，但是总体趋势呈波动性增加，截至2016年，有8所院校在建筑类专业按大类进行招生，所占比例为28%。

按照大类招生的实施程度（表2）可将8所院校分成两类：①浙江大学、浙江工业大学、武汉大学学院内所有本科专业均纳入大类招生；②其余5所均有部分专业单独招生。

按分流时间（表2）可分成两类：①于第三学期末根据学生的综合成绩及学生兴趣并考虑专业布局及教学资源的优化配置，进行专业分流工作，于第四学期分专业培养，如哈尔滨工业大学分城乡规划、风景园林、环境设计三个专业；②于第二学期末在所属大类内进行主修专业确认工作，于第三学期分专业培养，如浙江大学分建筑学、城乡规划、土木工程、水利水电工程、交通工程五个专业；昆明理工大学分建筑学、城乡规划、风景园林三个专业；浙江工业大学、武汉大学、郑州大学、长安大学分建筑学、城乡规划两个专业；西南交通大学分城乡规划、风景园林两个专业。

将招生专业结合专业目录进行整理（图1），可以看出，建筑类院校的招生专业除建筑类专业外，还涉及水利类（如水利水电工程等）、土木类（如土木工程等）、交通工程类、林学类（如园林）、美术学类（如绘画）、设计学类（如环境设计等）专业。

对培养模式（图2）进行归纳可见：①昆明理工大学在建筑类这一学科类别下采取小范围的学科交叉，含建筑学、城乡规划、风景园林专业，则按涉及的专业名称对培养模式进行命名，定义为建筑规划景观类；②浙江工业大学、武汉大学、郑州大学、长安大学这4所学校按建筑类进行招生（含建筑学、城乡规划专业），命名原则同上，将其培养模式定义为建筑规划类。此外，浙江工业大学、武汉大学、长安大学本科招生专业未设置风景园林专业，郑州大学风景园林

专业教育评估通过学校大类招生情况　表1

序号	学校	首次通过评估时间	学校实施大类招生情况	建筑类专业实施大类招生情况	资料年份
1	同济大学	1992.5	●	○	2016
2	东南大学	1992.5	●	◐	2016
3	天津大学	1992.5	◐	○	2016
4	重庆大学	1994.5	●	○	2016
5	哈尔滨工业大学	1994.5	●	●	2016
6	西安建筑科技大学	1994.5	●	○	2016
7	华南理工大学	1994.5	●	○	2016
8	浙江大学	1996.5	●	●	2016
9	湖南大学	1996.5	●	●	2016
10	北京建筑大学	1996.5	●	○	2016
11	深圳大学	1996.5	●	○	2016
12	华侨大学	1996.5	●	○	2016
13	北京工业大学	1998.5	●	○	2016
14	西南交通大学	1998.5	●	●	2016
15	华中科技大学	1999.5	○	○	2016
16	沈阳建筑大学	1999.5	●	○	2016
17	郑州大学	1999.5	●	●	2016
18	大连理工大学	2000.5	●	◐	2016
19	山东建筑大学	2000.5	●	○	2016
20	昆明理工大学	2000.5	●	●	2016
21	南京工业大学	2002.5	●	○	2016
22	吉林建筑大学	2001.5	●	○	2016
23	广州大学	2004.5	◐	○	2016
24	青岛理工大学	2006.6	◐	◐	2016
25	安徽建筑大学	2007.5	●	○	2016
26	中南大学	2008.5	●	◐	2016
27	武汉大学	2008.5	●	●	2016
28	苏州科技大学	2008.5	●	○	2016
29	福州大学	2010.5	●	○	2016
30	浙江工业大学	2010.5	●	●	2016
31	天津城建大学	2011.5	○	○	2016
32	广东工业大学	2014.5	●	○	2016
33	四川大学	2014.5	◐	◐	2016
34	长安大学	2014.5	●	●	2016
35	福建工程学院	2015.5	◐	○	2016

图例：○ 不实施大类招生　● 实施大类招生　◐ 之前实施大类招生，现已不实施

注：根据各学院网站公布的招生计划、招生章程或报考指南整理

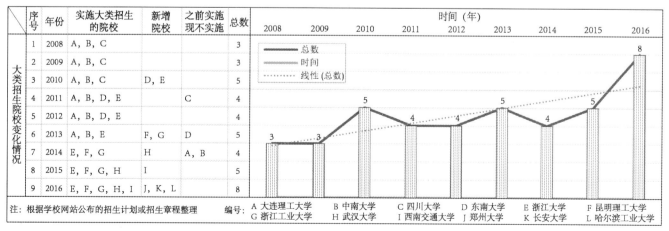

	序号	年份	实施大类招生的院校	新增院校	之前实施现不实施	总数	时间（年）
大类招生院校变化情况	1	2008	A，B，C			3	
	2	2009	A，B，C			3	
	3	2010	A，B，C	D，E		5	
	4	2011	A，B，D，E		C	4	
	5	2012	A，B，D，E			4	
	6	2013	A，B，E	F，G	D	5	
	7	2014	E，F，G	H	A，B	4	
	8	2015	E，F，G，H	I		5	
	9	2016	E，F，G，H，I	J，K，L		8	

注：根据学校网站公布的招生计划或招生章程整理

编号：A 大连理工大学　B 中南大学　C 四川大学　D 东南大学　E 浙江大学　F 昆明理工大学　G 浙江工业大学　H 武汉大学　I 西南交通大学　J 郑州大学　K 长安大学　L 哈尔滨工业大学

图1　建筑类院校大类招生的变化情况

建筑类院校本科专业及大类情况　　　表2

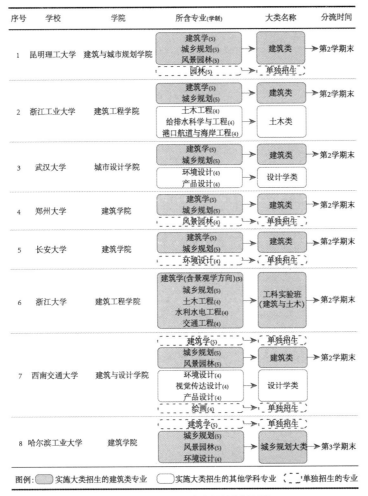

序号	学校	学院	所含专业(学制)	大类名称	分流时间
1	昆明理工大学	建筑与城市规划学院	建筑学(5) 城乡规划(5) 风景园林(5)	建筑类	第2学期末
			园林(5)	单独招生	
2	浙江工业大学	建筑工程学院	建筑学(5) 城乡规划(5)	建筑类	第2学期末
			土木工程(4) 给排水科学与工程(4) 港口航道与海岸工程(4)	土木类	
3	武汉大学	城市设计学院	建筑学(5) 城乡规划(5)	建筑类	第2学期末
			环境设计(4) 产品设计(4)	设计学类	
4	郑州大学	建筑学院	建筑学(5) 城乡规划(5)	建筑类	第2学期末
			风景园林(4)	单独招生	
5	长安大学	建筑学院	建筑学(5) 城乡规划(5)	建筑类	第2学期末
			环境设计(4)	单独招生	
6	浙江大学	建筑工程学院	建筑学(含景观学方向)(5) 城乡规划(5) 土木工程(4) 水利水电工程(4) 交通工程(4)	工科实验班(建筑与土木)	第2学期末
7	西南交通大学	建筑与设计学院	建筑学(5)	单独招生	
			城乡规划(5) 风景园林(5)	建筑类	第2学期末
			环境设计(4) 视觉传达设计(4) 产品设计(4)	设计学类	
			绘画(4)	单独招生	
8	哈尔滨工业大学	建筑学院	建筑学(5)	单独招生	
			城乡规划(5) 风景园林(5) 环境设计(4)	城乡规划大类	第3学期末

图例：▨ 实施大类招生的建筑类专业　▢ 实施大类招生的其他学科专业　┄┄ 单独招生的专业

注：根据各学校网站公布的2016年招生计划或专业目录整理

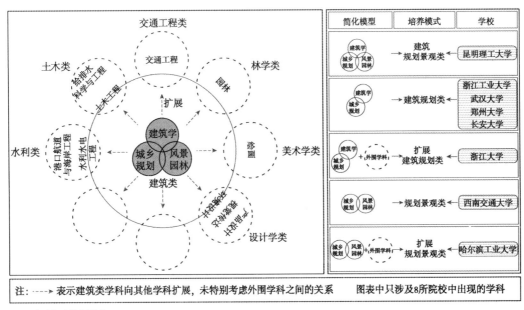

注：┄┄> 表示建筑类学科向其他学科扩展，未特别考虑外围学科之间的关系　图表中只涉及8所院校中出现的学科

图2　大类招生培养模式

专业单独招生；③浙江大学工科实验班（建筑与土木）的学科交叉不局限在建筑学、城乡规划之间，还向土木类、水利类、交通运输类扩展，将其培养模式定义为扩展建筑规划类；④西南交通大学大类所含专业有城乡规划、风景园林，而建筑学专业单独进行招生，将其培养模式定义为规划景观类；⑤哈尔滨工业大学的学科交叉不局限在城乡规划、风景园林之间，

还向设计学类扩展，将其培养模式定义为扩展规划景观类，而建筑学专业单独进行招生。现行的5种模式中以建筑规划类为典型，所占比例为50%（4/8）。

三、课程结构分析

（一）学分构成、比例及结构状况（表3[1]）

美国一流大学的课程结构一般分为通识教育和专业教育两部分[13]，笔者按专业分流前后对模块进行细化，分成大类培养阶段通识类课程、大类培养阶段专业类课程、专业培养阶段通识类课程、专业培养阶段专业类课程、其他五大模块。"通识类课程"由学校统一设置并面向全体学生，主要包括大学英语、高等数学、马克思主义基本原理等，旨在提高学生的自然科学和人文社会科学知识。"专业类课程"既包括专业分流前能使学生对知识框架有较全面了解并有效衔接专业教育的课程，如专业概论、专业导论、美术、工程制图与表达、设计基础等；又包括分流后旨在培养高级专门人才，使学生具备扎实的专业知识和良好的职业素养的课程，主要涉及建筑设计、城乡规划设计等。"其他类"则为各校独自设置的特色课程。

8所院校的建筑学、城乡规划、风景园林专业学制均为五年，其余专业为四年。四年制专业的总学分较为相似，介于166.5~170之间，平均值约为169，通识类与专业类课程平均学分之比约为1：1.9（55.8/106.4）。五年制专业的总学分差别悬殊，介于180~270之间，平均值约为224。通识类与专业类课程平均学分之比约为1：3.0（54.9/167.1），在大类培养阶段，二者所占比例分别介于9.83%~17.94%、6.50%~20.69%之间；在专业培养阶段，二者所占比例分别介于7.02%~19.44%、49.41%~67.25%之间；其他类所占比例介于4.21%~7.60%之间。后文重点针对建筑学、城乡规划、风景园林专业进行分析。

于第三学期末分流的专业中，专业类课程在专业培养与大类培养阶段的学分之比为2.9：1。于第二学期末分流的专业中，二者之比介于4.9：1~10.3：1之间。每所院校的学分与学时是按照一定比例组织的，学时比例相应体现学分的比例，理论上于第三学期末、第二学期末进行分流的专业，专业类课程在专业分流前后学分之比分别应为2.3：1、4：1。以此来看，第三学期末专业分流时，专业类课程分流前后学分比例较合理；而第二学期末专业分流时，大类培养阶段专业类课程所占比例普遍较小，难以达到"宽口径"的培养目的。

大类培养阶段专业类课程为学生提供共同的专业基础，在一定程度上能体现专业的相关性。5种模式

专业学分、比例及结构状况 表3

模式	编号	总学分	各类课程学分（通识/专业/专通/专业类/其他）					适用年级	比例（%）
规划景观类	F建	270	28	34	36	172			10.37 / 12.59 / 13.33 / 63.70
	F规	270	28	34	38	170		2016	10.37 / 12.59 / 14.07 / 62.96
	F景	270	28	34	38	170			10.37 / 12.59 / 14.07 / 62.96
建筑规划类	G建	200	24	13	28.5	134.5		2015	12.00 / 6.50 / 14.25 / 67.25
	G规	200	24	13	28.5	134.5			12.00 / 6.50 / 14.25 / 67.25
	H建	180	21	17	32	110		2014	11.67 / 9.44 / 17.78 / 61.11
	H规	180	21	17	35	107			11.67 / 9.44 / 19.44 / 59.44
	J建	214	29	24	20	141		2016	13.55 / 11.21 / 9.35 / 65.89
	J规	214	29	24	20	141			13.55 / 11.21 / 9.35 / 65.89
	K建	229.5	29.5	28.5	32	139.5		2016	12.85 / 12.42 / 13.94 / 60.78
	K规	230	29.5	28.5	32	140			12.83 / 12.39 / 13.91 / 60.87
扩展建筑规划类	E建	210.5	30.5	15.5	30.5	123	11		14.49 / 7.36 / 14.49 / 58.43 / 5.23
	E规	210.5	30.5	15.5	30.5	118	16		14.49 / 7.36 / 14.49 / 56.06 / 7.60
	E交	170	30.5	15.5	30	85	9	2015	17.94 / 9.12 / 17.65 / 50.00 / 5.29
	E水	170	30.5	15.5	30	84	10		17.94 / 9.12 / 17.65 / 49.41 / 5.88
	E土	170	30.5	15.5	30	85	9		17.94 / 9.12 / 17.65 / 50.00 / 5.29
景观规划类	I规	234	23	33	24	154		2016	9.83 / 14.10 / 10.26 / 65.81
	I景	234	23	33	24	154			9.83 / 14.10 / 10.26 / 65.81
扩展景观规划类	L规	237.5	26.5	47	17.5	136.5	10		11.16 / 19.79 / 7.37 / 57.47 / 4.21
	L景	228	26.5	47	16	138.5		2016	11.62 / 20.61 / 7.02 / 60.75
	L环	166.5	26.5	47	15	78			15.92 / 28.23 / 9.01 / 46.85

大类所含专业各类课程学分

范例：
E建——"建""规""景""环""交""水""土"分别是建筑学、城乡规划、风景园林、环境设计、交通工程、水利水电工程、土木工程专业的缩写
▨——学校编号（同表2）
注：哈尔滨工业大学培养方案为2017年5月修订版，其他学校均为正式实施版

▨ 大类培养阶段通识类课程　□ 大类培养阶段专业类课程　▨ 专业培养阶段通识类课程　▨ 专业培养阶段专业类课程　▥ 其他

---

1 哈尔滨工业大学培养方案为2017年5月征求意见稿，其他学校均为正式实施版。

大类培养阶段专业类课程所占比例由大到小依次为：扩展规划景观类（22.88%）、规划景观类（14.10%）、建筑规划景观类（12.59%）、建筑规划类（9.89%）、扩展建筑规划类（8.42%）。整体而言，城乡规划、风景园林专业间的相关性较建筑学与城乡规划相比更高。浙江大学为扩展的建筑规划类，除建筑类专业外还包括水利类、土木类、交通工程类，跨学科类别越多，专业之间共同的知识基础越少，专业相关性也越小。

（二）大类培养阶段课程与能力培养的逻辑关系

在人才培养方面，大类培养阶段的课程为学生提供共同的知识基础。笔者将从大类培养阶段的通识类课程和专业类课程两个角度，对课程与能力培养的逻辑关系进行梳理。

1. 大类培养阶段通识类课程

不同培养模式通识类课程结构差别不大，应修学分介于 21~30.5 之间，平均值约为 26.4，且均较为重视军事思政类、外语类、数理类课程的开设（图 3、图 4）。但是在一定程度上，课程覆盖面不够广泛，没有打破学科领域的界限。此外，大部分课程是固定的，只有极少数课程为选修，学生不能很自由地根据个性发展以及兴趣爱好选修课程，不利于通识教育的更好实施。扩展建筑规划类模式的浙江大学大类所含专业较为广泛，课程设置弹性较大，给予学生更多的选择空间（图 5）。

军事思政类课程在思政课程方面几乎无差别，学分差异主要体现在军事类课程及入学教育上。笔者对数理类、外语类、计算机类课程的设置情况进行详细整理（图 5），并得到如下结论：

（1）数理类课程着重培养学生的逻辑推理与抽象思维能力，学分介于 4~9.5 之间。整体来说，建筑类院校对高等数学的要求较低：如建筑规划景观类、建筑规划类模式的院校均只在某一学期开设文科高数或微积分；规划景观类、扩展规划景观类模式的院校要求稍高一些，在两个学期均开设文科高数；扩展建筑规划类的浙江大学因涉及专业领域较为广泛，对数理类课程要求最高，除微积分、大学物理必修课程外，另外开设线性代数、常微分方程选修课，根据专业分流的倾向进行选修。

（2）外语类课程着重培养学生的外语综合应用能力，每个学生必修 4.5~8 学分。扩展建筑规划类模式的浙江大学在专业分流前跨越大学英语Ⅰ、Ⅱ，直接开设Ⅲ、Ⅳ，较其他模式相比课程要求较高。

（3）计算机类课程培养学生运用计算机的基本知识进行信息技术应用的能力，不同模式课程设置差别不大，学分介于 2~5 之间。6 所院校（6/8）在第一学期开设大学计算机基础课程，此外，在第二学期郑州大学开设高级语言程序设计 VB，浙江大学开设 Python、Java、C 程序设计选修课；2 所院校（2/8）未开设大学计算机基础课程，在第二学期开设程序设计基础或高级语言程序设计 VB 课程，可见随着参数化设计的发展，计算机编程能力的培养逐渐加强。

2. 大类培养阶段专业类课程

国内外专家学者关于建筑类专业所需能力要求的思索一直未停止过。早在公元前 27 年，维特鲁威就在《建筑十书》中提出建筑师应该掌握从大尺度的城市规划到细部的建筑材料、建筑构图原理等各类知识[14]。2011 年建筑学、城乡规划、风景园林同列为一级学科后，吴良镛[15]、高芙蓉[16]对学科的发展趋势及课程体系进行了思考。大类招生背景下，高校应该重构培养方案，专业上注重强化基础，那么建筑类院校在大类培养阶段对学生的能力提出了哪些要求？

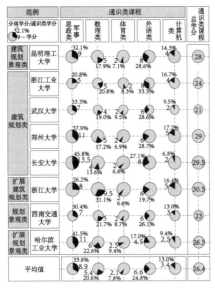

图 3　通识类课程学分、比例

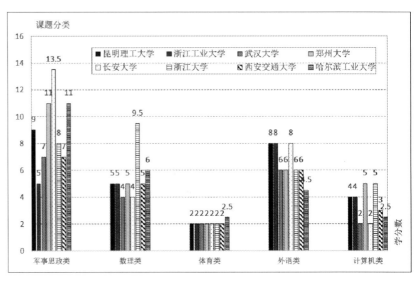

图 4　通识类课程学分对比

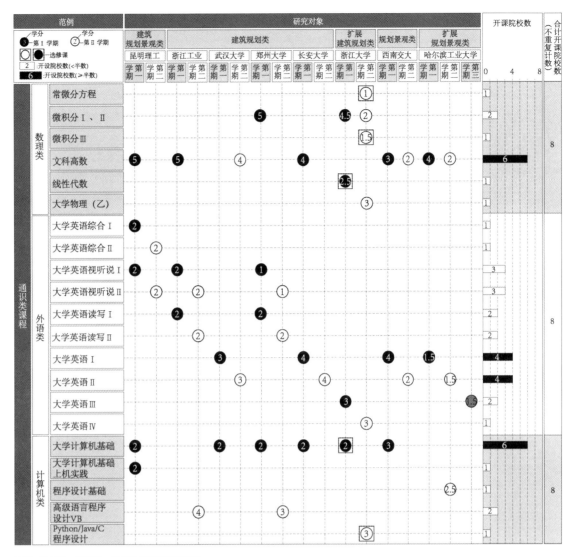

图5 数理类、外语类、计算机类课程设置情况

笔者将专业类课程按培养能力进行分类，可归纳出导论概论类、工程制图基础类、美学基础类、设计原理类、建筑历史与理论类、其他6个类别。

不同培养模式专业类课程差别较大，应修学分跨度较大，介于13~47之间，总体上呈现（扩展）规划景观类大于（扩展）建筑规划类的特征（图6、图7）。此外，西南交通大学、昆明理工大学、浙江大学开

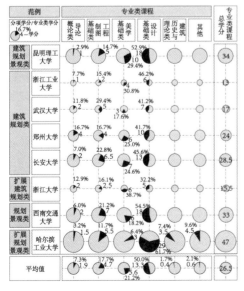

图6 专业类课程学分、比例

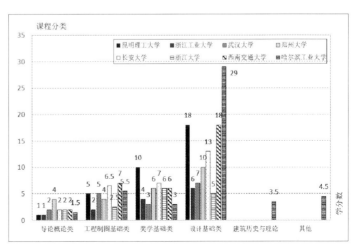

图7 专业类课程学分对比

设一些选修课，为学生的发展留有一定的灵活性（图8）。整体来看，大类培养阶段较为重视设计基础类、美学基础类、工程制图基础类课程，而导论概论类学分及所占比例较小。

笔者对6个类别的课程设置情况进行详细整理（图8），并得到如下结论：

（1）8所院校均开设概论导论类课程，这是"大类招生、分流培养"人才培养模式较明显的特征之一，学分数介于1~4之间。导论概论类课程要求学生能够通过此课程对专业形成前期的认识，以便在后期能够理性地选择专业。作为专业引导课，如专业导论、建筑与设计导论、建筑学与城乡规划导论均在专业分流前开设。

（2）工程制图基础类课程着重培养学生的图学基础能力，学分数介于2~7学分之间。不同模式开课差别不大，6所院校（6/8）开设画法几何及阴影透视课；2所院校（2/8）开设建筑制图课。此外浙江大学、西南交通大学在第二学期还开设土木工程制图、测量学选修课。

（3）美学基础类课程主要在美学的基本原理和构图原则方面培养学生的艺术修养和审美意识，学分数介于3~10之间。与其他模式院校开设美术Ⅰ—Ⅱ不同，哈尔滨工业大学未开设美术课，直接在短学期开设

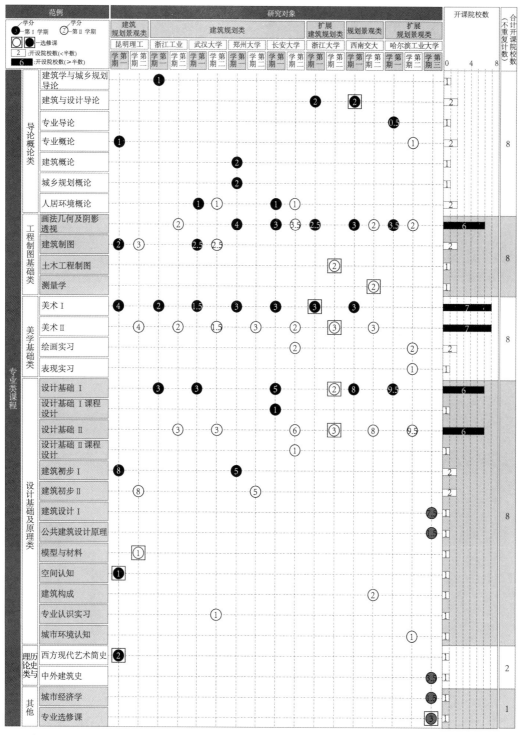

图8 专业类课程设置情况

绘画实习和表现实习课。

（4）设计基础及原理类课程在大类培养阶段作为建筑设计的入门课，培养学生掌握形态构成知识和建筑设计基本原理，为专业核心课程奠定坚实的基础。不同院校设计基础类课程学分数差别较大，介于5~29之间。6所院校（6/8）开设设计基础课；2所院校开设建筑初步课；此外，昆明理工大学开设空间认知、模型与材料课程，西南交通大学开设建筑构成课，哈尔滨工业大学开设建筑设计Ⅰ、公共建筑设计原理、城市环境认知课程。但是总体而言，一年级的设计基础课程主要还是针对建筑学的设计基础或设计初步，缺乏针对城乡规划、风景园林专业的设计初步。

（5）历史与理论类课程培养学生的历史研究意识和历史批判性精神，熟悉本专业领域的发展动态。昆明理工大学、哈尔滨工业大学在大类培养阶段开设该类课程，其他院校均在专业培养阶段开设。

（6）扩展规划景观类院校开设课程类别较为广泛，还涉及城市管理与政策分析类课程如城市经济学。

城乡规划日益由技术手段向公共政策转型，涉及建筑学、社会学、地理学、经济学等多个领域的相关知识，要求学生具备宏观、全面分析及解决问题的能力。风景园林专业除要求学生具有一定的建筑学、城乡规划专业的基础外，还涉及地质学、生物学、植物学等相关学科知识。但是笔者将专业类课程与建筑学、城乡规划、风景园林的相关性进行整理（图9），发现在大类培养阶段，8所院校专业类课程的设置带有明显的建筑学基础特点，在专业类课程中所占比例介于87.88%~98.03%之间；城乡规划、风景园林学科课程学分所占比例极低，0.97%~9.09%；教学计划未能体现多学科交叉、渗透、融合的特点。工程制图基础、美学基础、设计原理类课程更注重建筑学基础，仅仅凭借导论概论类课程，学生难以对城乡规划、风景园林产生较为准确的认识，难以在专业分流后有效衔接专业核心课程，形式上虽为大类招生，但没有为学生构建一个宽口径的基础知识框架。

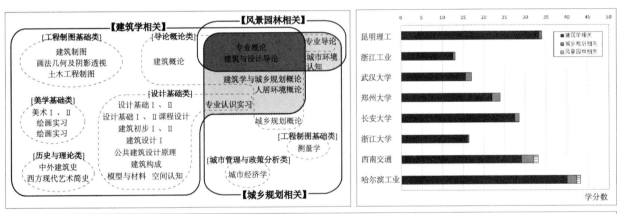

注：课程与某专业的相关性根据《高等学校建筑学/城乡规划、风景园林本科指导性专业规范知识体系》来划分
若人居环境概论等课程与多个学科均有相关性，将其学分均分到每个学科来计算学科相关性的关系，不考虑课程执行大纲内具体教学内容所占比例

■ 表示课程与三个专业均相关　　　　　□ 表示课程与两个专业相关

图9　专业类课程学科相关性

四、结语

现行的建筑类专业大类招生有5种模式：建筑规划景观类、建筑规划类、扩展建筑规划类、规划景观类、扩展规划景观类。从学科角度看，建筑学、城乡规划学、风景园林学在研究中有共同的目标和交叉的研究领域[15]，需要在更高层次的人居环境科学大平台上加强相互联系与融贯性[16]。从工程建设角度，优秀的建筑设计不仅负责单体和群体建筑的设计，还应该解决建筑与周围环境的关系，并与城市肌理相协调。因此，笔者认为建筑规划景观类培养模式更能满足快速发展的城市化进程对宽口径、复合型创新型高素质人才的需求，更利于人居环境的建设。

从课程结构整体来看，大类培养阶段专业类课程所占比例普遍较小。从具体课程来看，现行培养模式中专业导论课体现了高校对于大类培养阶段课程的思考，但是只凭借导论课，难以从真正意义上实现跨学科、宽基础的培养，而且目前大类培养阶段专业类课程过于偏向建筑学专业方向，不利于学生对其他专业的理解，也是各高校分类出现诸多问题的重要原因之一。

其实对专业分流后的专业类课程进行梳理，可以发现专业分流后专业间依然存在许多共同的专业类课程（图10），除设计基础类、工程制图基础、美学基础类课程外，还涉及技术经济法规类、建筑数字技术类、城市管理与政策分析类、实践类课程；与城乡规划、风景园林专业相关的课程的比重有所增大，通过这些课程，

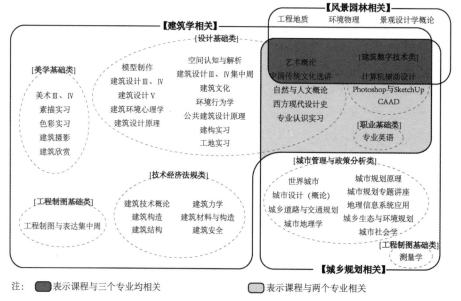

图 10　专业类课程（专业培养阶段）设置情况

学生才能更理性地认识各专业的内涵及差别。以此来看，第二学期末进行专业分流，时间过早，导致学生在专业分流时不能充分理解各专业的区别及差异，同时也不利于宽口径人才的培养。

此外，笔者通过对比一些高校大类招生前后的培养计划，发现一些高校只是匆匆搭上大类招生的"快车"，对招生方式进行了改革，并未有效发挥出"大类招生、分流培养"人才培养模式的优势。因此，对新的人才培养模式体系下如何设置建筑类课程体系的设置是今后需要关注的重要课题。

（基金资助项目：辽宁省教育厅教学改革项目"大类招生背景下建筑设计类课程通才教学改革研究"；东北大学 2018 年度本科教学质量工程项目"大类招生背景下建筑类学科基础课程体系构建（02160021301001）"）

图表来源

表 1、表 2、图 1 基于各学院网站公布的招生计划、招生章程或专业目录整理
其余图表均为作者依据调查资料绘制

参考文献

[1] 高靓. 我国第四次修订本科专业目录专业减少 129 种 [N]. 中国教育报，2012-10-12.
[2] 唐苏琼. 高校实施大类招生的利弊分析 [J]. 中国高教研究，2009（01）：88-89.
[3] 吴良镛. 关于建筑学、城市规划、风景园林同列为一级学科的思考 [J]. 中国园林，2011（05）：11-12.
[4] 高芙蓉. 城乡规划一级学科下本科课程体系重构思考 [C]. 北京：中国建筑工业出版社，2011：9456.
[5] 杨珊珊. 中美建筑类院校风景园林本科课程体系比较研究 [D]. 北京：北京建筑大学，2014.
[6] 叶静贤，钱晨. 理论·实践·教育：结构建筑学十人谈 [J]. 建筑学报，2017（04）：1-12.
[7] 吴良镛. 广义建筑学 [M]. 清华大学出版社，1989：140-143.
[8] 吴良镛. 人居环境科学导论 [M]. 北京：中国建筑工业出版社，2001：70-83.
[9] 方岩，刘长飞，尹得举. 大类招生背景下建筑类专业本科一年级教学思考 [J]. 课程教育研究，2015（21）：258.
[10] 王竹，朱宇恒，姜秀英. 启智创新·卓越培养——大类招生、通识教育改革趋势下的建筑学专业培养体系创新 [C]. 北京：中国建筑工业出版社，2009：8-13.
[11] 蔡军，陆伟，李健. 大类之惑——关于建筑规划大类招生体制改革的思索 [C]. 北京：中国建筑工业出版社，2010.
[12] 熊丙奇. 大类招生还需更多配套改革 [N]. 中国教育报，2017-4-11（002）.
[13] 王恒安. 高校按"大类招生培养"的研究 [D]. 汕头：汕头大学，2007.
[14] 维特鲁威. 建筑十书 [M]. 北京：北京大学出版社，2012.
[15] 住房和城乡建设部人事司，国务院学位委员会办公室. 增设风景园林学为一级学科论证报告 [J]. 中国园林，2011（05）：4-8.
[16] 袁奇峰，陈世栋. 城乡规划一级学科建设研究述评及展望 [J]. 规划师，2012（09）：5-10.

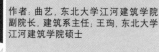
作者：曲艺，东北大学江河建筑学院副院长，建筑系主任；王珣，东北大学江河建筑学院硕士

教育信息化背景下基于 SPOC 翻转教学模式研究与实践

——以城乡规划专业GIS课程为例

李渊　邱鲤鲤 *　饶金通

Research and Practice of SPOC Flipped Classroom Teaching Mode Under Educational Informatization ——Take the GIS Course for Urban Planning Major as an Example

■摘要：翻转教学模式改革是目前教育信息化改革的热点，基于 SPOC 翻转教学模式以信息化引领，构建以学习者为中心的教学模式创新，促进信息技术与教育的深度融合。本文首先介绍"基于 SPOC 翻转教学模式"内涵及特征，其次构建教学设计模型，接着结合一线教学实践，探讨基于 SPOC 翻转教学模式实施方案，最后提出该教学模式的进一步改革思路，以期对建筑规划类技术课程教学改革提供参考。

■关键词：翻转教学模式　SPOC　建筑　城乡规划　GIS　教学模式

Abstract：The reform of flipped classroom teaching mode is the focus of educational informatization reform. SPOC flipped classroom combined with information technology, constructs "learner-centered" teaching mode innovation, and promotes the deep fusion of information technology and education. This paper first introduces the concept and characteristics of SPOC flipped classroom, then constructs a teaching design model. Secondly, combining curriculum practice, this paper discusses the SPOC flipped classroom implementation plan. Finally, it puts forward the further reform ideas. This paper provides a reference for the teaching reform of technology courses for architectural and urban planning major.

Key words：flipped classroom；SPOC；architecture；urban planning；GIS；teaching model

一、引言

进入 21 世纪，以信息技术发展牵引的新技术革命加速引进，移动互联、大数据、人工智能等现代信息技术，推动大学教育信息化改革。2018 年 4 月，教育部发布《教育信息化 2.0 行动计划》指出，"站在新的历史起点，必须聚焦新时代对人才培养的新需求，强化以能力为先的人才培养理念，将教育信息化作为教育系统性变革的内生变量，支撑引领教育现代化

---

* 通讯作者：qll@xmu.edu.cn

发展，推动教育理念更新、模式变革、体系重构，使我国教育信息化发展水平走在世界前列。"[1]如何将信息技术与教育教学深度融合，以学生为中心，推动教育高质量发展，实现高等教育"变轨超车"，成为各大高校面临的重大课题与挑战。

翻转教学模式改革是目前教育信息化改革的热点，翻转教学与SPOC相结合，利用丰富的信息化资源，实现教学模式的"逆序创新"[2]，推进课程内容更新，推动教学模式与方法技术变革，促进教育信息化的内涵式发展。

二、基于SPOC翻转教学模式研究

1．翻转教学模式与 SPOC 内涵及特征

翻转教学模式是教学模式的"逆序创新"，将知识学习过程中的知识传授与知识内化两个阶段翻转过来，即"先教后学"倒置为"先学后教"，翻转了传统课堂的教学结构[2]。在信息化环境中，教师提供以教学视频为主的学习资源，学生课前完成知识的自主学习，课堂上师生进行练习、讨论、实践等协作探究与互动交流活动，实现"以学生为中心"的个性化教学。

SPOC（Small Private Online Course），即小规模限制性开放课程，相较 MOOC（Massive Open Online Courses，大型开放式网络课程）而言，是一种比 MOOC 更精致、更小众的在线开放课程类型，目前主要针对高校学生设置，与实体面授课堂结合，是一种融合了课堂教学与在线教学的混合学习模式[3]。

翻转教学与 SPOC 有着天然的耦合性，基于 SPOC 的翻转教学模式，是线上教学与翻转教学的融会贯通，以信息化引领，构建以学习者为中心的教学模式创新，促进信息技术与教育的深度融合，笔者认为，主要有以下几点特征：

（1）教学模式的创新，改变传统课堂"课堂授课＋课后作业"模式，翻转为"课前 SPOC 学习＋课堂合作探究"模式。课前学生完成 SPOC在线视频学习任务，并通过在线测验以评促学，课堂上师生协作研究，教师提供个别化指导，全面增强课堂互动性，由独白式的单向转变为研究式的互动[4]，形成"以学生为中心"的自主学习和个性化的教学模式。

（2）"先学后教"的模式下师生角色的变化。课前教师是学习资源的提供者和整合者，课上是学习的引导者和评价者，教师由传统的单纯知识传授的身份，转变为"导、助、促、评"多重角色。学生由被动型的知识接收者转换为知识探索主动参与者，在翻转教学中自主学习，更多的协作、探究与思考，自主构建知识体系和内化知识技能。

（3）信息技术要素的融入，SPOC 以先进的教育信息技术为支撑，按照认知规律和知识逻辑结构将组织课程内容结构化为知识单元，学生可以随时学习和网上互动，打破传统教学方式的时空限制，提供开放共享的信息化教育环境。此外，课堂智慧教学工具的应用，如雨课堂、微助教等，有效提升课堂教学效率和互动性。

2．基于 SPOC 翻转教学设计模型建构

基于 SPOC 翻转教学要行之有效，就必须构建其教学设计模型，结合国内外典型翻转教学设计模型，如环形四阶段模型[5]、翻转教学系统结构模型[6]、太极式翻转教学模型[7]、"四个三"翻转教学模型[8]等，构建基于 SPOC 翻转教学设计模型（图1）。根据学生的认知特点和课程流程，将教学设计分为三个阶段：课前的"知识习得"阶段、课中"知识巩固转化"阶段、课后"知识迁移应用"阶段。

（1）课前的"知识习得"阶段，教师将教学内容进行模块化组织，制作 SPOC 教学资源，包含以知识点讲解为主的 SPOC 微视频和其他相关学习资料，学生自行安排时间学习并完成在线测试，教师跟踪学生学习情况。该阶段解决了新知识的习得问题，节约课堂时间。

（2）课中"知识巩固转化"阶段，教师通过课堂导学引入主题，学生以独立思考、相互交流、共同研讨的方式展开讨论，并就问题与教师平等探讨。普遍出现的疑难问题，教师统一示范解决，对于个体问题，教师进行一对一指导。教师在为学生解决疑难问题的过程中，主要以学生为中心，教师引导、激发学生的自主学习意识，辅助学生在课前自主学习的基础上构建知识体系[9]，该阶段是运用、分析、评价、创造等较高层次的学习过程。

（3）课后"知识迁移应用"阶段，课后学生继续在线讨论，进一步完善任务，同时通过实践活动、专家讲座、学习沙龙等多种形式，学生开阔学科视野，了解行业资讯，增加互动合作。"知是行之始，行是知之成"，在实践中完成知识的迁移应用和认识的升华。

三、基于SPOC翻转教学模式实践

《城乡规划新技术 GIS 应用》课程建设于 2009 年，是厦门大学城市规划专业学科类通修课程，48 学时，3 学分，授课对象为城市规划专业本科三年级学生，每轮授课人数约 35 人。作为城乡规划专业技术类课程，除了讲授空间建模、分析等习得性技能，学生还需要进行大量的实验与实践，传统课堂以教师讲授为主，因学时的限制，学生自主实践的深度和广度不够，因此学生对知识的掌握，往往停留在习得阶段，知识的迁移和应用不够深入。运用基于 SPOC 翻转教学模式，学生课前进行知识的自主学习，教师在课上

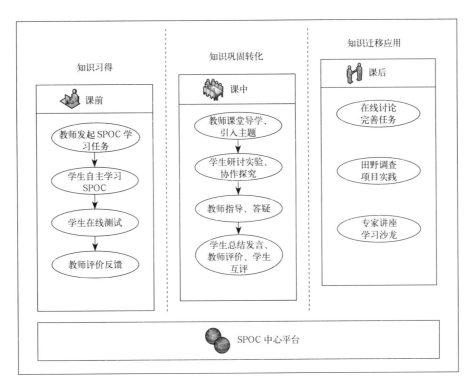

图 1　基于 SPOC 翻转教学设计模型

引导进入运用、分析、评价、创造等较高层次的学习，有效扩展学习的时空维度，保证学生从习得阶段到巩固转化再到迁移运用的完整认知过程。因此，对于实验实践教学内容比例较大的技术类课程而言，与翻转教学的深度互动、协作探究、解决问题的课堂活动主旨是吻合的[10]。同时，课程具备完整的数字化教学资源，教学团队建设在线课程《城乡规划新技术 GIS 应用》已在"中国大学 MOOC"网站上线 SPOC 课程（图 2），包括 35 个教学视频，全部 PPT 课件和实验手册及数据，为课程改革提供必要的数字教学资源支持。

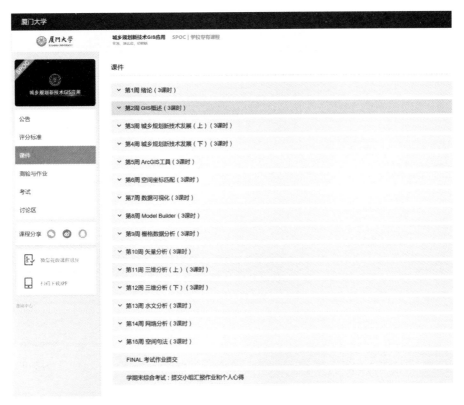

图 2　《城乡规划新技术 GIS 应用》SPOC 课程线上信息

1．课程内容

课程内容包含三个模块：思维启发、技能练习、实务分析。其中，思维启发是讲授前沿的空间信息技术和鼓浪屿案例成果，为同学提供一定的空间思维借鉴和案例借鉴。技能训练是借助多个应用软件和教程，让同学们能够掌握空间制图和空间分析能力，课程中为同学们推荐的软件为ArcGIS软件，同时推荐了配套的自学实验教程。实务分析以鼓浪屿世界文化遗产地为案例，开展实地调研，利用图形绘图技术、GPS/RS调研技术和问卷调研技术，获取环境和人的行为数据，开展分组专题实践。以2017—2018年度第二学期为例，课程具体教学内容及安排如表1所示。

2．基于SPOC翻转教学模式实施方案

本课程基于SPOC翻转教学模式实施方案，主要包括课前SPOC、课堂翻转教学、专题研究实践、课程学习沙龙四个模块。

（1）课前SPOC。教师课前通过"中国大学MOOC"后台管理，发布学习内容并提醒学生完成。学生进入平台SPOC在线视频学习任务，教师及助教跟踪学习进度，师生通过平台讨论区、班级QQ群等线上互动，共同推进课程学习。学生完成SPOC在线测试，教师线上答疑，并通过测试结果获得学生对知识的掌握程度。这种方式有利于培养学生自主学习的精神，也便于教师更具体深入地了解学生的学习情况，及时改进教学安排。

（2）课堂翻转教学。课堂上采用翻转教学结合项目研究，学生以小组形式进行项目研讨，运用课前学习的内容完成课堂任务，学生之间共同讨论，协商解决遇到的难题。教师实时跟进研究进展，提供理论指导与答疑。因城乡规划技术需要学生实践操作的内容较多，因此翻转教学将上机实验、虚拟仿真实验与传统讨论、案例研究、辩论相结合，既锻炼了学生思辨能力，又提高学生实践能力，学生在自主探索中，培养独立自主、创新实践精神。

（3）专题研究案例实践。以鼓浪屿为案例地，组织学生进行现场调研、参观考察等活动，学生在"历史文化遗产保护"的大框架下，自主选题，并进行项目研究及实验实践，从不同角度探讨历史风貌建筑整治规划、历史文化遗产保护利用等一系列问题。专题研究课前，学生阅读相关文献，进行田野调查，并与教师沟通协商研究主题，课后师生继续探讨完善研究设计与内容。

（4）课后学习沙龙。以课程进度为主线，定期组织课程学习沙龙。如"Ebee无人机操作实验"教学环节，组织学习沙龙，邀请行业一线工程人员，介绍业内最新无人机应用动态，开阔学生眼界。如"鼓浪屿空间形态历史演变句法分析"教学环节，邀请鼓浪屿历史研究领域专家，配合历史老照片，生动讲述鼓浪屿的发展历史。同时，学习沙龙还邀请研究生共同讨论专题研究思路，促进学生之间的交流。课程学习沙龙的开展，生动体现了"翻转课堂"自主探究思考的教学思路。

课程教学内容及安排　　　　　　　　　　　　　　　　　　　　表1

章（节）	主要内容	学时	备注
第一章	1．GIS与遥感技术原理 2．GIS技术与发展 3．遥感与遥感数据图像	6	SPOC在线课程，理论讲授
第二章	1．ArcGIS影像配准实验 2．ArcGIS空间数据库管理实验 3．ENVI遥感数据预处理及图像增强	6	SPOC在线课程，上机实验
第三章	1．Ebee无人机操作实验 2．GPS采集器操作实验	6	现场实践教学
第四章	主题（一）：鼓浪屿空间结构与历史风貌建筑	4	SPOC在线课程，翻转教学
第五章	主题（二）：鼓浪屿三维视线视域	4	SPOC在线课程，翻转教学
第六章	主题（三）：鼓浪屿空间形态历史演变句法分析	4	SPOC在线课程，翻转教学
第七章	主题（四）：基于GPS与空间句法的旅游者空间行为匹配	4	SPOC在线课程，翻转教学
第八章	主题（五）：基于GPS与社会网络模型的旅游者空间行为关系	4	SPOC在线课程，翻转教学
第九章	主题（六）：鼓浪屿社区公共空间	4	SPOC在线课程，翻转教学
第十章	课程总结	2	成果发布，交流研讨

表2以"鼓浪屿空间形态历史演变句法分析"章节为例，具体说明如何运用翻转教学模式进行主题教学。

翻转教学模式主题教学案例　　　　　　　　　　　　　　　　　　　　表 2

第六单元：鼓浪屿空间形态历史演变句法分析			
学时分配	SPOC 课程不限时 课堂翻转教学 2 学时	学习内容	城市形态历史演变句法分析
视频内容：	《空间句法（上、下）》、《鼓浪屿——迷人的历史国际社区》		
翻转教学模式实施方案	**阶段 1：课前 SPOC** 学习主体：教师及学生助教跟踪 SPOC 学习进度 认知层面：认识理解 教学内容设计：学生在 SPOC 平台上浏览并学习掌握空间句法理论、分析方法、指标参数，教师推荐阅读《鼓浪屿申遗文本》《鼓浪屿之路》等文献资料。 **阶段 2：课堂翻转教学 +SPOC** 学习主体：学生主题演讲，小组讨论，教师指导 认知层面：应用、反思、内化 教学内容设计：第一节课，第六学习小组做了 15 分钟主题报告——《鼓浪屿公共公共租界空间形态句法分析》，从量化角度分析了鼓浪屿城市形态演变特征，全班同学围绕主题展开讨论，第二节课，主讲教师对空间句法理论做了更为详实、全面的介绍，深入地介绍空间句法研究的学者及在其他城市形态分析的经典案例，如：盛强以深圳为案例，研究不同尺度街区密度与句法形态的关系；王浩峰以西递为例，从功能布局角度分析村落句法形态。教师补充小组报告的不足之处，加强学生对空间句法理论与实践中若干问题的理解。 **阶段 3：课后学习沙龙** 学习主体：专家讲座，学生讨论 认知层面：应用、理解、提升 教学内容设计：邀请专家讲座，开展"鼓浪屿的过去与现在——时间的力量"主题学习沙龙。		

3．教学效果评估

教学效果从两个方面进行评估，一方面来源于学生的访谈，另一方面来源 SPOC 学习行为数据及学生成绩。

从学生访谈中得知，对于 SPOC 翻转教学模式，学生持肯定态度："老师录制的《城乡规划新技术 GIS 应用》课程生动有趣，比起传统教学，动态的视频让人更加有兴趣学习，而且学习时间可以根据个人安排进行调整，我认为这是未来中国课堂发展的趋势""传统的课堂老师讲过一遍，倘若忘记了，就无从下手，相比之下，网络视频的学习，更便于有针对性的进行回顾，需要学习的时候可以及时获取所需""这样的模式下，课堂会让我有一种醍醐灌顶的感受，这是非常难能可贵的体验""这次的 GIS 课提供了一个自学的机会，有什么不会的地方再在课堂上单独问老师，让我感觉能真正充分利用上课宝贵的时间，也让我发现了自主探索式学习中蕴含的乐趣"。可见，学生对翻转教学模式持欢迎态度，主要表现在两点，一是课前的 SPOC 课程学习，形式灵活，可以反复学习巩固知识点，收益较大；二是翻转教学的形式有利于个性化发展，提升了学生自我探索的能力，加深学生对知识的掌握程度，且增加了课堂的趣味性。这与我们进行翻转教学模式改革的初衷是一致的，学生对课堂改革的肯定态度，增强了教学团队的信心，也有利于教学模式的进一步推广和深化。同时，学生也提出了一些宝贵的意见，如"有些在线测试题的知识点似乎有些生僻，希望可以增加与实际规划项目结合的 GIS 案例应用""上课中老师能够多讲解一些难点和错误率比较高的点就更加好了"，有利于翻转教学模式的进一步改进完善。

从 SPOC 在线学习行为数据及学生成绩反馈，学生均能注册进入平台自主学习，但是从学生的学习时间分布可以看出，自主学习、主动探索的能力个体差异较大，而能够主动参与并完成相应内容的学生，课堂表现与期末成绩也大多较好。由此可见，翻转课堂的教学模式，考验学生的自我管理能力，会带来好的同学更好，差的同学更差的"马太效应"。这也引起了教学团队进一步思考，改进教学微视频的质量和趣味性，提高课前学习的吸引力，是解决该问题的方法之一；及时对学生课前学习行为进行反馈，对于学习量不够的同学给予及时提醒干预，同时增加 SPOC 学习在考核中的比重，是解决该问题的方法之二，这些将在之后的教学实践中进行策略性调整（图 3）。

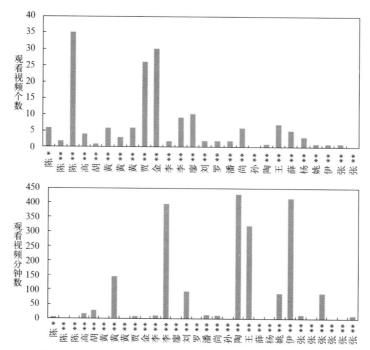

图3　学生在线学习行为

四、结论及讨论

基于 SPOC 翻转教学模式，将信息技术与教育深度融合，实现以"学生为中心"的教学模式的变革。该教学模式运用于城乡规划专业地理信息系统课程，实施过程中耦合性较好，学生的接受度高，可以在建筑及城乡规划技术类课程中推广。

任何教学改革都不是一蹴而就的过程，需要不断调整完善，立足于一线教学实践的经验，笔者认为，可以从以下几个方面提升：第一，加强 SPOC 课前学习的吸引力和学生参与度。教学视频可以置入更多生动的元素，如问题的故事化、科学的趣味性，增加学生学习的兴趣。学生学习过程中，可以自行录制学习过程与心得的微视频，上传到平台共享，增加学生的参与度，提升课前学习的有效性。第二，翻转教学模式与多种教学方法相结合，如 PBL[11] (Problem—Based Learning)、TBL (Team—Based Learning)、CBL (Case—Based Learning)，优化课堂的"教法生态"[12]，彻底打破传统的"灌输式"教学，更大限度地培养学生自主思考与实践创新能力。第三，作为教学活动的引导者，教师要不断进行自我提升，既要有过硬的专业知识，也要有立足科技与未来的技术眼界和运用信息技术进行教学的能力，这是教育信息化对教师提出的必然要求。第四，完善学生评估环节，建立精确化、指标化的评估标准，通过数据挖掘掌握学生学习情况，定制个性化学习方案，这也是未来智慧教育的重要方向。

（基金项目：国家自然科学基金面上项目（编号：41671141）；福建省自然科学基金项目（编号：2015J01226）；中央高校基金项目（编号：20720170046）；厦门市科技局项目（3502Z20183005）；厦门大学首批创新创业课程项目资助（编号：KC201702005）；福建省高等学校创新创业教育教学改革项目精品资源共享课"城乡规划新技术 GIS 应用"）

参考文献

[1] 中华人民共和国教育部．教育部关于印发《教育信息化 2.0 行动计划》的通知 [EB/OL]．http://www.moe.gov. cn/srcsite/A16/s3342/201804/t20180425_334188.html.

[2] 祝智庭，管珏琪，邱慧娴．翻转课堂国内应用实践与反思 [J]．电化教育研究．2015 (6)：66—72.

[3] 康叶钦．在线教育的"后 MOOC 时代"——SPOC 解析 [J]．清华大学教育研究．2014, 35 (1)：85—93.

[4] 陈力，关瑞明．《城市规划原理》教学中的课程意识及其生成意义 [J]．中国建筑教育．2014 (1)：73—76.

[5] Jackie Gerstein．The Flipped Classroom Model：A Full Picture[EB/OL]．http://usergeneratededucation. wordpress.com/2011/06/13/the-flipped-classroom-model-a-full-picture.

[6] Robert Talbert. Inverting the Linear Algebra Classroom. Primus, 2014, 24 (5) : 361–374.

[7] 钟晓流，宋述强，焦丽珍．信息化环境中基于翻转课堂理念的教学设计研究 [J]．开放教育研究，2013，19 (1)：58–64．

[8] 薛云，郑丽．基于 SPOC 翻转课堂教学模式的探索与反思 [J]．中国电化教育，2016 (5)：132–137．

[9] 曾明星，李桂平，周清平等．从 MOOC 到 SPOC：一种深度学习模式建构 [J]．中国电化教育，2015 (11)：28–34．

[10] 容梅，彭雪红．翻转课堂的历史、现状及实践策略探析 [J]．中国电化教育，2015 (7)：108–115．

[11] 王丽洁．以问题为导向的建筑设计基础课程教学研究与实践 [J]．中国建筑教育，2016 (1)：35–38．

[12] 祝智庭．智慧教育新发展：从翻转课堂到智慧课堂及智慧学习空间 [J]．开放教育研究，2016 (1)：18–26．

图片来源：

图 1 作者自绘

图 2《城乡规划新技术 GIS 应用》SPOC：https://www.icourse163.org/spoc/learn/XMU–1002718004#/learn/content

图 3 作者自绘

作者：李渊，厦门大学建筑与土木工程学院，副教授；邱鲤鲤（通讯作者），厦门大学建筑与土木工程学院，工程师；饶金通，厦门大学建筑与土木工程学院，高级工程师

面向动态与交互的数字化建构教学

孙彤　吉国华　尹子晗　施少鋆

Digital Tectonics Teaching for Dynamic and Interaction

■摘要：建筑与机械的渊源由来已久。随着技术进步，机械逐渐从施工设备和与建筑本体关系较小的使用周期植入设备走向与建筑本体结构的结合，建筑有成为完全的智能化机器的趋势。本文介绍了南京大学本科毕业设计小组的数字化教学实践，课程将智能交互作为数字化设计的出发点和目标，本次教学以"动态结构"为主题贯穿始终。教学将面向装配的实验教学重点落在机械传动设计与程序算法之上，展现了在继承传统的面向设计案例的建构教学基础上，对数字技术的融合与运用。

■关键词：动态结构　数字建构　交互

Abstract：Architecture is associated with machinery from the origin. As the development of technology, from the construction machine and the equipment set after building being built, machinery is gradually embodied architecture itself. This paper introduces the graduation projects from School of Architecture and Design, Nanjing University. The teaching process focusing on "dynamic structure" takes intelligent interaction as the starting point and goal. Mechanical transmission and algorithm are emphasized, which shows the usage of digital technology based on the inheriting of traditional tectonics—oriented design teaching.

Key words：dynamic structure；digital tectonics；interaction

一、背景

在建筑的语境下讨论机械与运动，最早可以追溯到公元前 1 世纪末古罗马工程师马库斯·维特鲁威·波里奥 (Marcus Vitruvius Pollio) 所著的《建筑十书》，在第十书中维特鲁威总结了机械运动的两个要素：直进和旋转，并认为机械产生于对自然规律与宇宙旋转的学习[1]。到了公元 16 世纪文艺复兴时期，莱昂纳多·迪·皮耶罗·达·芬奇 (Leonardo di ser Piero da Vinci) 在进行建筑与城市设计的同时也完成了大量的机械设计，这些设计保存在他留世的手稿之中，时至今日仍然在按照其手稿绘制的图纸制造、展出和研究[2]。18—20 世纪，随着工业革命与两次世界大战的推动，机械工业在飞速发展的同时，也在深刻地影响建筑，使得建筑能够脱离厚重的材料，同时也出现了巨型船只与飞机等可以提供居住与迁徙功能的巨型机器。1923 年勒·科布西耶在《走向新建筑》一书中提出了住宅是"居住的机器"[3]。1965 年电讯派成员罗恩·赫伦（Ron Herron 或 Ronald James）发表了设计图纸《行走的城市》（*The Walking City*），将建筑与动态的机器以图像的方式结合在一起[4]。

如果说工业革命之后以大机器资本主义为特征的第一机械时代带来了遍布世界各地运转不歇的机器引擎，那么计算机的普及则开启了以机械微小化、家居化为特征的第二机械时代[5]。进入 21 世纪，随着单片机为代表的简单计算机工业化、模块化生产带来的显著的成本降低，使得在建成环境中随处收集与处理数据变为可能，人工智能技术迅速发展使得智能建筑进入到了具备动态性和交互性的新层次。

二、教学目标与内容

南京大学本科毕业设计小组课程基于从标准单元入手建构实体建筑的装配实践，教学涵盖传感器与单片机技术、信号电控制技术、动力输出与机械运动传导、数字建筑交互与表现设计与装配等训练计划，旨在通过训练学习科学有效的数字技术方法，研究数字渗透的建筑设计，面向动态建造的真实问题和数字建筑设计的现实意义。在将本科所学知识融会贯通的基础上，理解设计与当下新的数字技术的关系和研究其对于设计的价值[6]。

1. 阶段一：案例分析 - 通过分析进行学习

案例分析包含两个部分的内容，一是通过对现有建筑学体系内的实际作品案例分析，使学生了解建筑动态的多种可能性，以及人居环境中广泛存在的可响应环境变量，从而帮助学生建立互动建筑的概念；二是通过对智能交互技术所涉的常用单片机技术进行案例分析，使学生了解单片机的基本编程控制方法，并从简单的开关数字信号输入到数字信号灯输出，到更进一步的传感器模拟信号输入与电机输出控制，使学生掌握必要的智能交互设计测试方法。以案例为主要载体的教学，有别于以软件知识讲解为目标的常规教学模式，在每次 2 课时的授课时间集中分析或测试 1~2 个案例，并以此出发鼓励学生在分析和测试的同时加入自己的理解，探求多样化的呈现。

2. 阶段二：单元设计 - 交互原型 1：1 的设计与装配

在单元设计阶段，要求学生在前一阶段的基础上根据自己对互动方式的理解以及所掌握的单片机控制测试技术，对互动单元进行设计并完成 1：1 的原型设计与测试。在这一阶段教师需要帮助学生确定适合的动力输出设备，根据不同作品的要求明确是精确控制电机输出角度、精确控制电机输出周数还是精确控制电机运转时间，并结合机械转动端的功率要求确定是采用舵机、直流电机还是步进电机。在学生方面，工作的重点是逐步完成传动设计与控制代码测试。传动设计部分，在 1：1 装配测试过程中不断优化关节设计、针对不同部位的特性选择合适的材料，确保传动关键部件的强度，尽可能减少摩擦提高传动效率。同时，针对不同类型的动力输出端电机类型，采用不同的驱动板与函数库完成代码测试，代码测试从最基础的开关测试出发。

3. 阶段三：设计研究 - 从局部到整体交互行为架构再到建成方案的构想

在完成单元设计的基础上，学生应该思考由多个单元构成的整体可能对人的活动产生的不同状态的响应，如设计作品整体对一个人与一组人会有何种不同的响应模式，从而确定 2~3 种响应模式[7]。根据不同的响应模式，从简单的单体交互入手架构相对复杂的整体交互行为。最后考虑原型可以发展成型的实体建筑作品，根据人与环境尺度需要放大设计原型，并对实体建筑愿景建造场景中需要注意与解决的构造问题做出分析。

三、作业实例

本部分涉及的三个作品，分别从伞式结构、弹性张拉整体结构与折扇结构三种传动结构出发探讨"动态结构"的命题。

1. 可伸展的亭子（Outstretching Pavilion）——扁平化伞式结构

"可伸展的亭子"受东南大学虞刚教授作品"漂浮的云"启发，尹子晗的设计目标是创造一种可以感应使用者或和室外光线强度从而可以打开和闭合伞式遮阳结构。设计创新地采

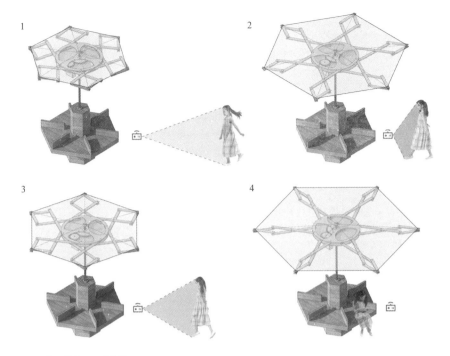

图1 可伸展的亭子互动效果

取由上下两个重合的可转动圆盘及六个伸展结构组成的机械传动结构，其较传统的伞式结构的优点是结构扁平化，其打开动作所占的空间小，只在水平方向伸展而不占用竖向空间。伸展结构的上下两层分别固定在上下两个圆盘上，圆盘的转动产生的错位使伸展结构基部三角形的底边长短发生变化，利用四边形铰节点的位移属性驱动伸展结构进行伸缩。当有使用者进入伞下范围或者室外光线较强时，可伸展的亭子旋开（图1）。

几何性方面，如图2所示，由勾股定理可知伸缩杆中心铰节点到转盘圆心距离的一半变量 b 与上下转盘的转动夹角变量 θ 的数学关系为：

$$b = \sqrt{L^2 - \left(r\sin\frac{\theta}{2}\right)^2} \tag{1}$$

由于转盘半径 r 和伸缩杆边长 L 均为常量，可知转动夹角变量 θ 越大，转盘圆心距离的一半变量 b 越小，即为收缩，反之则增大。

由勾股定理和相似三角形可知，六边形遮阳结构边长 R 与上下转盘的转动夹角变量 θ 的关系为：

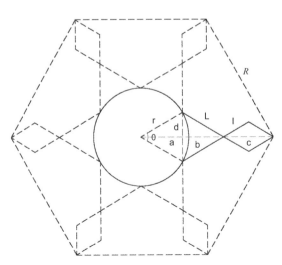

图2 可伸展的亭子机械传动几何原理

$$R = r\cos\frac{\theta}{2} + \left(1 + \frac{2l}{L}\right)\sqrt{L^2 - \left(r\sin\frac{\theta}{2}\right)^2} \tag{2}$$

由于转盘半径 r 和伸缩杆边长 L、l 均为常量，可知转动夹角变量 θ 越大，六边形遮阳结构边长 R 越小则六边形面积越小，即为收缩，反之则增大。

由于转动夹角变量与伸缩杆中心铰节点到转盘圆心距离以及六边形边长存在直接的线性关系这一几何特性，四边伸缩杆驱动端铰节点运动恰好符合圆周运动的轨迹，因此只需采用一个电机创造转动就可利用其创造的圆周运动带动六个甚至更多的四边形伸缩杆。

在装配设计方面，顶部结构的关键是每一个节点必须灵活转动，单元在旋转运动过程中的各种阻力都要尽量减小。模型选用螺丝钉作为节点的固定构件，并在上下两层中间加若干垫片，一方面减小木材之间的摩擦力，另一方面使上下两层脱开一定高度，避免圆盘部分节点之间的碰撞。顶部结构的传动通过两个咬合的齿轮，与舵机固定的小齿轮带动与上方圆盘固定的大齿轮，从而使上方圆盘转动，通过 Arduino 可控制不同状态下舵机的转速和角度，从而使整个单元体呈现不同的运动状态。

可伸展的亭子原型中部支撑结构采用带有螺纹的丝杆，通过特定构件将下方圆盘与丝杆固定，上方圆盘可绕丝杆转动。伸展结构之间用弹性材料连接，六边形布料缝制在弹性材料上形成遮阳的部分（图3）。

2．舞动的穹顶（Dancing Dome）——竖向张拉整体[8]结构

张拉整体（Tensegrity）即"tensional integrity"词组的合成词，是富勒的自造词[9]，是一种基于在连续张力网络内部运用受压构件的结构原理。其中受压杆构件之间并不接触，而预先张拉的索构件构成空间外形。

施少鋆基于张拉整体结构的类三角形几何属性，可以将其与三角形框架结合形成可以

图3 可伸展的亭子遮阳效果

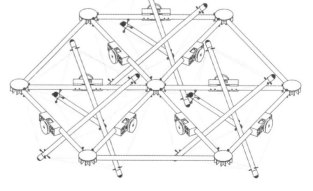

图4 作品"舞动的穹顶"

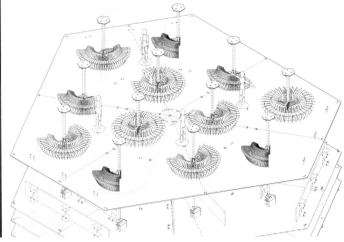

图5　作品"自适应性椅子"

扩展的空间结构，由此形成的新结构在垂直方向仍然具有张拉整体结构的弹性性能，可以被控制从而实现整个结构的竖向升降。作品"舞动的穹顶"（图4）是通过舵机牵引张拉整体结构的弹性结构，从而驱动穹顶空间单元产生竖向变化。在三角形框架中点加入垂直向的连接装置，用以放置驱动作用的舵机和连接不同结构单元的连接节点。在三角形框架的连接节点的制作中，使用了三维打印技术以实现节点的整体性。

通过感应不同方向不同距离的物体距离，经过函数映射为舵机对应的相应角度，并加以旋转驱动受拉单元的变化，从而实现自应力空间结构的自动过程。将舵机放置于盒式三维打印构件中，以螺栓螺丝上好，再将整体以螺栓螺丝固定于连接装置的横杆中部。通过圆盘三维打印构件，将做好的部件以60°角安装连接。然后，将自攻圆环与受拉单元组合，并在连接装置预留孔形成连接。最后将转盘式三维打印安装于舵机上，将舵机与受拉单元连接。当设置在三角形角点的超声波传感器感应人的靠近，舵机牵引整体结构实现整个结构的竖向升降。

3．自适应性椅子（Adaptive Chairs）——折扇结构

蔡英杰尝试利用Arduino单片机技术设计一种可与人交互的自适应坐具。在设计中利用坐具周围的传感器感知人相对椅子的位置，经由Arduino驱动舵机，使折叠座椅单元展开到人所在位置。在多个单元存在的情况下，可以根据人群的分布形成不同的空间（图5）。

自适应性椅子设计涵盖两大部分，一是机械传动结构，二是信息交互结构。机械传动结构设计即是旋转折叠体的构建。折叠体由动力源及驱动轴、"套筒"、骨架单元及骨架连接件构成。经过加长处理的末序骨架单元放入预留的卡槽，固定住单体的初始位置，骨架单元之间用折叠纸作为连接件，首序骨架单元的套筒与驱动轴固定。单体设计的难点在于"套筒"结构的设计，"套筒"结构相当于是一套铰链，使骨架单元和驱动轴既能独立转动又能保持相对距离不变。"套筒"结构设计灵感来源于传统纸扇。在纸扇的基础上，设计又通过"跳跃排序"的方式使每一片单元的稳定性得到保证。

信息交互结构设计主要是逻辑判断过程的设计。本设计中一个单体旋初始旋转结构占据最小角度45°，展开最大值为360°，将360°均分成6份，由其周边6个位置的传感器提供信息，因此每次需要判断6个位置是否有人占据，如果有人占据座椅自动旋转到对应的旋开最大位置（图6）。设计难点在于：一是如何旋转到能满足多人需求的位置；二是单一传感器如何给三个单体同时传输信号。在设计中，对每个单体根据舵机旋转方向给周围传感器编号，使单个传感器对应有三个编号，然后通过逐个单体依次判断取大的原则，得到最优解。

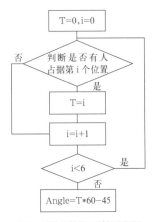

图6　单体旋转位置判断流程图

四、总结

现在建筑学中流行的"互动"(interactive)概念通常和"可变"(flexible)、"响应"(responsive)等概念相关联。建筑通过动态机械结构实现了与人或环境变量进行实时交互的可能性，为智能建筑的发展打开了一个新的领域。通过互动建筑，建筑空间的灵活性和智能性将会成为建筑设计的核心议题，这给建筑教育提出了两个关键问题：如何在建筑学传统的建构教育之中加入传动构造的教学以及如何在设计教育之中加入编程教学以达成智能化交互的目标。南京大学本科毕业设计教学在动态与交互方面的探索做出了有益的尝试，展现了在继承传统的面向设计案例的建构教学基础上，对数字技术的融合与运用。

(基金项目：南京大学博士研究生创新创意研究计划项目，CXCY18-29)

参考文献：

[1] 维特鲁威.建筑十书 [M].高履泰译.北京：知识产权出版社,2001.

[2] 列奥纳多·达·芬奇.哈默手稿 [M].李秦川译.北京：北京理工大学出版社,2013.

[3] 勒·柯布西耶.走向新建筑 [M].陈志华译.西安：陕西师范大学出版社,2004.

[4] Cook,P.Archigram [M].NewYork：Princeton Architectural Press,1999.

[5] 雷纳·班纳姆.第一机械时代的理论与设计 [M].丁亚雷、张筱膺译.南京：江苏美术出版社,2009.

[6] 吉国华，陈中高.面向建造的数字化设计教学探索 [A].见：2017年全国建筑教学学术研讨会论文集 [C].北京：中国建筑工业出版社,16-20.

[7] 孙彤，Ruairi Glynn，罗萍嘉.面向互动的建筑行为学 [J].工业建筑,2017,47 (529)：180-183.

[8] 孙彤，吉国华，理查德·巴克敏斯特.富勒的三个建筑原型 [J].工业建筑,2019 (4)：64-68.

[9] Baldwin，J.，Bucky Works：Buckminster Fuller's Ideas for Today [M].New York：John Wiley & Sons,1997.23-34.

图片来源：

作者自摄或自绘

作者：孙彤，南京大学建筑与城市规划学院，博士研究生；中国矿业大学建筑与设计学院，讲师；吉国华，南京大学建筑与城市规划学院，教授、院长（通信作者）；尹子晗，南京大学建筑与城市规划学院，硕士研究生；施少鋆，南京大学建筑与城市规划学院，硕士研究生

从参数化设计到数字建造课程的教学探讨

杨镇源　郭馨　吕帅

Developing the experimental courses from parametric design to digital fabrication

■摘要：在建筑学设计专业课以外建设特色相关辅助课程更有利于学生在设计技法、设计理论等设计相关层面发展，间接促使学生的综合设计能力得到提升。开展参数化课程是近年来建筑信息技术发展对建筑学教育培养与时俱进人才的客观需求。本文以深圳大学的参数化课程为例，从课程背景、课程设置、课程结构与教学内容等开展教学的各个技术层面阐述与总结开展参数化课程五年来的探索和经验。

■关键词：参数化设计　数字建构　特色教学

Abstract：Alongside with Architectural design studies, to build up additional experimental courses benefits the development of overall design capacity of students from learning exact skills and design theories. Establishing parametric design course is the recent trend that follows the influence by information technology in architecture industries. This article taking the example of such course established by Shenzhen University discusses the courses objective, programs, syllabus and contents that summaries the experience from the last five years.

Key words：Parametric design；digital fabrication；experimental course

一、教学背景

从 20 世纪 80 年代以来，计算机制图逐步进入建筑行业中来，它改变了建筑设计与工作的方式。从那时候开始，这种技术在全球范围内迅速发展，国内高校的建筑学专业开始设置 CAAD 课程（计算机辅助设计），主要包括 CAD 制图，三维建模和效果图制作。以深圳大学为例，是否允许同学们用电脑制图就是那个时间主要讨论的问题。类似国内大多数院校，深大对此的解决方案是电脑制图与手工制图相互结合的方式，在一、二年级必须运用手工制图，从三年级开始同学们才可以选择电脑制图。在当时来看，计算机辅助设计的概念就是制图的概念。这是计算机辅助设计的初始阶段。

20世纪90年代初，欧美一些先锋建筑院校探索着进一步运用数字化设计的道路。以美国UCLA（加州大学洛杉矶分校）为例，对建筑形式进行找型探索，运用动画三维建模软件而非专业类的建筑设计软件尝试创作新形式。建筑学以外的理论和概念也在这个时期被运用到建筑设计中来。如果用国内建筑学教育的标准来解读这部分先锋院校在这个时期的学生作业，大部分的设计是实验性的，缺少对建筑功能使用等方面的回应，甚至没有考虑结构与材料，总的来说是抽象性的空间艺术创作。由于这种借助于计算机的教学方式太过于激进和前卫，它未能像上一阶段在更多的建筑院校推广出去。大部分的建筑院校都没有开设与之相关的教学课程，如maya和cinema4D等动画软件的教学，而直接跳跃过这个虚拟形式的计算机辅助设计时期。（图1）

2000年前后，部分技术领先的建筑师事务所联合软件公司，借助工程项目的机会，开发出专业型的计算机辅助软件用于更为精确、可加工的三维建模，并且解决了批量化异性曲面的设计生产问题。如英国Bentley公司开发出的generative componence和法国Dessault公司开发出的Catia与DP，促成了后来参数设计和BIM系统的推广应

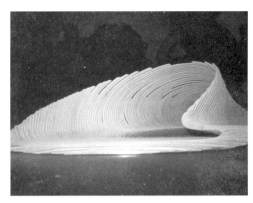

图1　虚拟形式建模学生课程作业

用。但由于这些专业性的软件价格高昂、操作复杂，也没有能在建筑院校得到很好的推广。恰恰在这个时期，价格更有优势的工业设计软件犀牛Rhino在美洲的建筑院校已经得到很好推广，随着在2008年前后推出的参数化设计插件grasshopper和犀牛5的发布，使得原本复杂的工程软件更为易用，参数化设计的方法因而被大部分的建筑院校所接纳。参数化设计不仅与原有课程做到良好结合，而且还是开启设计思维的新工具。在这样的大背景下，本科建筑学设计教学与计算机辅助设计又有了一个新的结合点，由此开始了参数化设计的计算机辅助设计阶段。（图2）

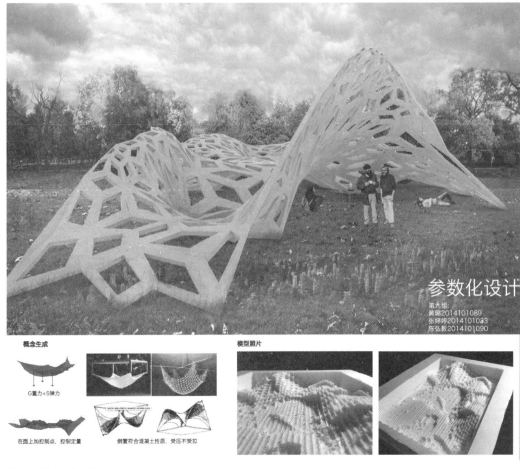

图2　参数建模学生课程作业

二、教学思路/课程设置

参数化课程的教学应该偏重于设计教学而非技术教学，必须要结合建筑设计而非片面的教授软件使用，从而促进建筑专业课学习。课程的主要目的是培养学生理解参数化的设计思路，掌握利用该设计方法解决设计问题的能力，并能灵活运用到学习中去。因此，该课程的定位是设计方法的教学。学生在完成了本课程学习后，可以将本课程学习到的知识理论运用到其他课程或是今后的建筑设计工作中去，才能真正体现本课程设定的意义和价值。课程定位要避免以软件学习为主导，否则参数化设计则往往会沦为"空间图案设计"的工具，设计为技术所束缚。因此，参数化设计课程的教学建议包括三个方面的内容：理论课、技术课和设计课；三个方面融会贯通，相互影响。以一个学期18周的课程为例，课程招生人数控制在30人左右，课程安排如下：

周次	阶段	课程内容	课程形式
1	基础	课程介绍	讲课
2	基础	犀牛教学	讲课
3	基础	犀牛教学	讲课
4	基础	作业辅导	辅导
5	节假日		
6	进阶	理论课	讲课
7	进阶	GH基础（点线）(rule Srf)	讲课
8	进阶	GH进阶（UV分面）(Waffle)	讲课
9	进阶	GH进阶（排版编号）(Morph)	讲课
10	进阶	作业评图（waffle）	评图
11	进阶	GH进阶（插件+Scripting）	讲课
12	进阶	Scripting	辅导
13	设计与制作	机器人（介绍+展示）	讲课
14	设计与制作	机器人（GH编程）	讲课
15	设计与制作	作业辅导	辅导
16	设计与制作	作业辅导	辅导
17	设计与制作	期末讲评	评图
18	设计与制作	展览+总结	讨论

三、教案简介

（一）理论课学习

理论课的内容尤为关键，它是参数化软件操作与建筑设计之间相互联系的桥梁，培养学生的参数化思维模式。参数化思维是对建筑设计根本方法论的一种探索，从几何关系变为规则关系，从设计空间转变为设计规则。参数化思维理论课的教学目标是让学生了解参数化技术运用于设计核心时的思维方式、原理、设计方法和设计特点。理论课的学习包括两个方面的理论：系统理论和找型理论。让学生学习了解数字化设计背后支持的理论及系统逻辑基础。

系统理论的教学目标是让学生掌握复杂系统（complex system）的概念，学习设计系统的概念、类型和操作方法。该部分内容分为6个章节来阐述：系统机制、设计原则、形态演变、族群关联、材料行为和建构理论。从系统机制、控制论的概念出发，延伸到可进化建筑概念、自下而上的设计方法，再讲述设计规则的建立，从设计单元发展到全局变化等理论概念。

找型理论的基础源自德国建筑师弗雷·奥托（Frei Otto）所做的材料找型研究，形式生成的规则来自于材料本身的物理表现。形态本身是一种在材料作用下被动产生的特定形式，并在材料特性影响下成为形态系统。材料形态系统在物理环境内的影响参数（主要为受力条件）下的反应可以建立参数模型。正因如此，抽象的形式具有建构逻辑可被建造（图3）。通过研究掌握的形态规则可以作为参数化设计中建立参数模型（图4）。找型理论是探索创新材料与结构形式的基础指导。

通过对参数化理论及应用的全方位解析，让学生对参数化有全面的认识，从而能够更有的放矢地带着全局观进行设计和学习。

（二）技术课学习

技术课的学习基于犀牛软件平台及其插件，包括曲面建模、参数化建模（Gh）和数控加工的学习。该环节要求学生能掌握软件技法，熟悉建模思维和形成一定的软件操作动手能力。为了加强学生的学习兴趣，技术课的教学由若干有针对性的建模实例所组成。建模实例是以参数化设计实施的大师作品或城市里熟悉的建筑为例，由浅入深，从点、线、面开始逐步讲述设计系统的建模逻辑。通过实例穿插讲述软件使用中的知识点，如nurbs曲线、Brep曲面、mesh网格、Gh数据结构等建模概念。尝试由此使得枯燥和抽象的软件学习变得形象而有趣。

曲面建模部分教学重点讲解犀牛曲面建模，以案例结合曲面建模命令的方式学习extrude、loft、sweep、blend等曲面生成方式，并结合香港机场（运用extrude命令）、飞利浦世博会展馆（运用loft命令）、京基100大厦（运用sweep命令）等建筑实例讲解形体构成特点及相应的建模方法。培养学生解析形体与构建形体的基本能力和操作犀牛软件的基本能力。

参数化建模的学习基于Grasshopper平台，特别强调对建模概念的理解，主要分为三个章节，第一个章节重新认识点、线、面、区间等基础几何描述方法。第二个章节认识数据结构及数据传

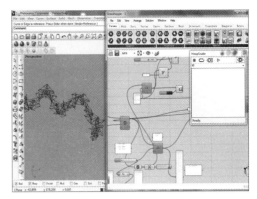

图3 学生正在制作抗拉式结构模型（tensile structure）　　　　图4 抗拉式结构参数化建模

导原则，了解不同级别数据转换的方式。第三个章节认识现有的常见数理几何系统，如分形、遗传算法等。建模技术的知识点被转化为4个目标明确的建模练习，分别为：小蛮腰（广州塔）建模（点线参数建模）（图5），小黄瓜（瑞士再保险大厦）建模（点线建模附加函数曲线）（图6），曲面网格建模（曲面运算附加数组结构运算）（图7），变形单元建模（参数单元附加代理单元）。培养学生从认知基本几何参数开始，构建具有一定数据结构的控制系统，并且逐步学习数列运算与逻辑判断等复杂系统的构建。

数控加工教学有利于同学们对于参数化设计的建筑实践具有更加直观的认识。随着数字技术的普及和应用，参数化设计逐渐在建筑设计的各个阶段渗透。在建造及设计辅助层面表现为对复杂形体的处理能力及对建造信息的快速传递。该部分的教学主要包括数控加工机械的操作学习，如激光切割机和机器臂等。除教授该设备的工作原理、操作方法以外，还要对应教授软件编程的技巧（图8、图9）。以机器臂加工为例，钻头工具的加工原点由 Gh 编程的坐标平面所控制，通过编写工作平面在时间维度上的路径信息来进行加工（图10）。

（三）设计课学习

设计课是参数化设计课程中的核心环节，以小型构造物设计（5~10平方米）为题目的综合训练，要求学生掌握设计方法与软件操作，并有能力研究材料的结构现象，制作参数化设计系统，并以此生成设计方案。通过数控加工，装配建造的方式，让学生了解从设计到建造，从虚拟模型到实体材料的各个设计环节（图11）。

学生以3~4人组成设计小组，参与设计课学习来完成设计与建造的环节。这种教学的方式，有几个以下方面的考虑：既充分发挥学生各自专长，又减少制作环节的人均工作量，而小组内部也会采用能力较强的同学带动较弱同学的学习模式。设计课要求学生研究材料现象来建立参数化生成式的设计系统，结合建造材料的特点找形设计，并考虑可用的加工技术与材料特点针对构造和建造可行性进行设计（图12、图13）。当概念设计完成以后，学生要求制作大比例的实体模型，检验构造设计的强度与施工难度。在调整方案的过程中，还必须考虑材料加工的高效性，减少边角废料的产生以控制成本（图14~图16）。

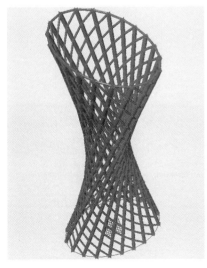

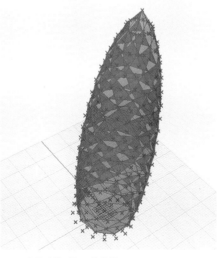

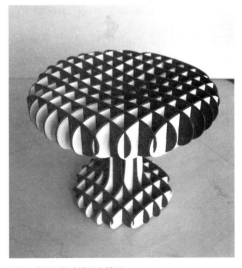

图5 点线参数建模　　　　　　　　图6 点线建模附加函数曲线　　　　　　　图7 曲面网格建模制作模型

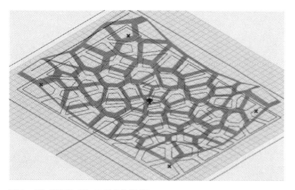

图 8　GH 编程生成加工形态与路径

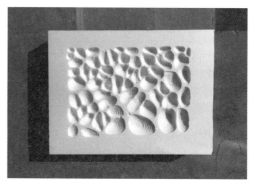

图 9　GH 编程数控加工模型

Speed : 8mm/s
Diameter : 5mm
Area : A4

图 10　机器臂雕刻加工过程中

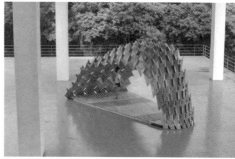

图 11　预制单元组装过程耗时 12 小时

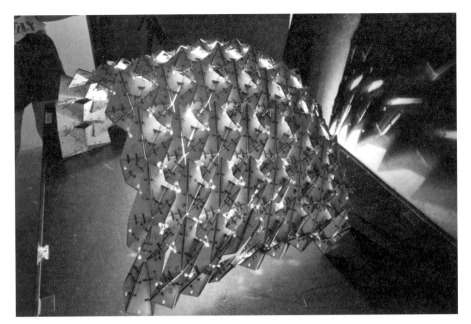

图 12　利用实体模型推敲构造形式

图 13　利用模型推敲空间尺度

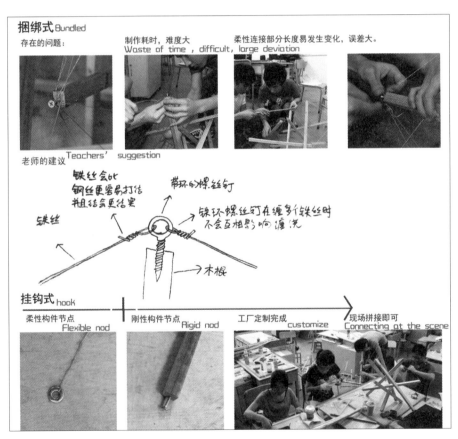

图 14　构造节点推敲过程

图 15　手工加工组件

四、结语

　　参数化设计作为设计方法逐步普及已有十年的时间，从大范围城市规划到建筑乃至家具设计，其应用于不同尺度、各个领域的设计之中。深圳大学的参数化设计课程聚焦在小尺度，强调设计与建造的完整环节，注重培养参数化思维的设计逻辑，结合材料构建设计系统，并具备参数化加工建造的深化实施能力。从开展课程将近 5 年的经验来看，以选修课的形式开展该课程对学生有一定的课程压力，主要是教学内容较多而课程时间则有限。如果课程设置能够将三个部分（理论课、技术课、设计课）单独设置，则能提供更为

图 16　抗拉式结构装置成果模型

充裕的教学条件，为扩展参数设计的不同领域教学提供有利基础。那样的话，设计课便可以开展多个领域的教学，包括城市设计与景观设计等课程的内容就能结合参数化设计的方法开展。这对构建系列课程，或者说对更为全面、系统性地打造参数设计特色教学体系有较大意义。

参考文献：

[1] 冯刚，苗展堂，胡惟洁."动态表皮"专题毕业设计教学实践 [J]. 中国建筑教育，2017(01)；64-71.

[2] 王蔚，高青. 参数化策略在集装箱建筑模块化设计中的应用研究 [J]. 新建筑，2015(03)；60-63.

[3] 赵斌，侯世荣，仝晖. 基于"空间·建构"理念的建筑设计基础教学探讨——山东建筑大学"建筑设计基础"课程教学实践 [J]. 中国建筑教育，2016(04)；13-18

[4] 席天宇，殷青，韩衍军，Aidan Hoggard. 基于 Pinterest 网络互动式建筑设计教学实验——以哈尔滨工业大学国际联合设计教学为例 [J]. 中国建筑教育，2016(03)；55-61.

[5] 胡骉. 基于性能的数字微建造 [J]. 中国建筑教育，2015(02)；36-39.

[6] 石媛，李立敏. 基于模块化教学体系下的"由情及理"环节教学探索 [J]. 中国建筑教育，2016(04)；19-23.

[7] 黄蔚欣，徐卫国. 非线性建筑设计中的"找形"[J]. 建筑学报，2009(11)；96-99.

图片来源：

图 1：梁子毅，冯尤永，劳康勇，李晓静课程作业

图 2：黄璐，张婷婷，陈弘毅课程作业

图 3：赵善峰，苏立国，马琳，李静仪课程作业

图 4：赵善峰，苏立国，马琳，李静仪课程作业

图 5：作者自绘

图 6：作者自绘

图 7：黄媛怡，王炜妍，阮姜皓课程作业

图 8：陈治元，程梅，唐一凡课程作业

图 9：石倩楠，李奕峰，李乐梓课程作业

图 10：陈浩良，曾缅钦课程作业

图 11：刘保泉，张美文，汤嘉键，杨建国课程作业

图 12：刘保泉，张美文，汤嘉键，杨建国课程作业

图 13：刘保泉，张美文，汤嘉键，杨建国课程作业

图 14：赵善峰，苏立国，马琳，李静仪课程作业

图 15：赵善峰，苏立国，马琳，李静仪课程作业

图 16：赵善峰，苏立国，马琳，李静仪课程作业

作者：杨镇源，深圳大学建筑与城市规划学院，助理教授，英国皇家注册建筑师；郭馨(通讯作者)，深圳大学建筑与城市规划学院，助理教授；吕帅，深圳大学建筑与城市规划学院，助理教授

建筑与环境交互视野下的参数化设计

——以惠灵顿维多利亚大学数字化建筑设计教学课程为例

刘雨秋　刘卫兵

Parametric Design in the View of Interaction between Architecture and Environment ——Take the Digital Architecture Design Course in Victoria University of Wellington as an example

■摘要：参数化设计在当今建筑设计行业应用日益广泛，很大程度上是缘于参数化设计软件的可控化、模块化、标准化，提高了建筑设计效率。随着对参数化设计认识的不断加深，人们已不满足于将参数化设计工具运用在表皮系统、造型设计上，而是希望通过其参数可变特性建立建筑和环境的交互关系，来解决复杂的人居环境问题。本文以新西兰惠灵顿维多利亚大学本科三年级的数字化建筑设计课程为例，说明当下国外建筑教育界对参数化设计工具进行的新探索，由此对国内的数字化设计课程教学提供有益借鉴。

■关键词：参数化设计　建筑教育　动态建筑

Abstract：Parametric design is widely used in today's architectural design industry，largely because of the controllability，modularization and standardization of parametric design software，which improves the efficiency of architectural design．With the developing understanding of parametric design，people are not satisfied that parametric design is only applied in surface system and form design，but hope to use its parametric feature to establish the interaction between architecture and environment，in order to solve complex human settlements environment problems．This essay takes the third—year undergraduate course on digital architecture design at Victoria University of Wellington in New Zealand as an example to illustrate the new exploration of parametric design in foreign architectural education，which can provide useful reference for the teaching of digital design courses in China．

Key words：Parametric Design；Architectural Education；Kinetic Architecture

未来的城市与社会发展注定是充满矛盾与危机的，全球变暖、资源匮乏、人口爆炸等灾难性问题正越来越影响人们的生活环境，因此人们对于建筑设计的要求不再止步于简单的居住需要与审美满足，建筑本身需要具有一定的环境适应弹性。在这样的城市发展背景下，新时代的建筑设计，应在面对不同的自然、人文、社会环境等威胁因素时，通过自身的调节机制承受并回应环境需求，为人类生存提供庇护所。

面对日益复杂的时代背景和科技发展，建筑师们提出利用参数化设计软件的量化特性来应对上述问题，即借助参数来衡量环境变化，使环境和建筑之间不再是简单的定性式影响与被影响关系，而是在二者的相互改变中产生量化的交互关系。

但目前在设计过程中对参数化软件的运用大多还限于利用参数的调整和算法的迭代，设计出具有复杂的外墙表皮系统、丰富的流线式结构造型的新兴建筑。本文将以笔者在新西兰惠灵顿维多利亚大学建筑与设计学院参与的本科三年级的 12 周数字化建筑设计课程经历为例，论述面向未来时代背景下如何使参数化设计工具实现新的运用。

1 课程背景

惠灵顿维多利亚大学（Victoria University of Wellington）建筑与设计学院的教学重点主要集中在——如何给学生教授多学科交叉的教学内容和提供与高科技结合的课程实践。学院在实现创新型的数字化教学环境与教学方式的层面上，具有如下几大优势：

（1）学院的所在地惠灵顿，是世界级的电影特效制作中心之一。获得 5 次奥斯卡最佳视觉效果奖的综合性视觉效果公司——维塔数码，其总部设立在惠灵顿，带动了惠灵顿地区整体计算机辅助设计的建模技术教学的发展。[1]

（2）学院开设有教授数控雕刻、3D 打印、参数化建模、机械臂操控等技术的工作坊课程，配置有媒体实验室、设计类专用计算机中心、光学实验室等设施。

（3）学院不仅拥有在数字化领域具有丰富实践经验的课程教授，也聘请建筑事务所内就职的数字技术顾问作为客座教授定期参与学生的设计课教学。

2 课程理论基础

建筑师对动态建筑最初始的探索，大概可以追溯到中世纪的吊桥。[2] 但这种动态机制依旧是在保持原始整体结构系统的前提下，对局部构造进行小范围的调控。这种程度的探索，只是将建筑视作一项大尺度的机械装置零件，缺乏对建筑整体构造可变意义的探索。

随着时代发展，20 世纪数字化设计软件的广泛运用，使一批先锋建筑师开始利用参数化设计软件对建筑的动态性提出了新的实现形式。数字化建筑设计理论开山者之一的建筑师格雷戈·林恩提出了，建筑形态不仅是表达物质内部逻辑的载体，同时也应承受和回应环境的影响，这其中包括文化、社会等多种因素。林恩认为建筑形态应是受环境影响的高度可塑、易变的实体，而不再是一个静态的惰性空间。[3] 林恩的这一观点，使数字化设计领域开始思考将建筑设计与环境改变能够量化地结合起来，通过借助参数化软件对建筑形态、结构、功能布局实现精确调控的优势，让建筑的整体建构可以对环境产生参数化的回应。

3 课程简介

本科三年级的建筑设计课程是一门实验性的数字化设计教学课程，希望通过研究"系统交互"的主题——重点关注自然界中的生物与它们周围物理环境相互作用的过程，来挖掘出参数化数字设计工具的动态应用潜能。[4]

通过一系列的练习过程，学生将试图去归纳出生物原型和外部环境在形态上或者内部组织上的"交互模式"。当环境出现变化时，这些"交互模式"将为进一步的建筑动态发展设计提供构造类型学依据。

学生将会使用迭代模拟构筑模型，对物理材料进行研究，利用数字建造技术生成数字工作流，来探讨建筑与环境动态交互的可能性。课程涉及需要运用的计算机辅助设计工具，不再仅限于一般的静态三维建模工具，而是会包括 Grasshopper、MAYA、UNITY、Unreal Engine 等参数化设计软件。同时，在教学周期内还会每周招募高年级数字化方向的研究生作为助教（Digital Tutor），固定在计算机中心为低年级的本科生提供 3~4 次的计算机辅助设计答疑帮助。

4 教学过程

在该课程教学过程中，学生将从设计的初始到完成阶段持续使用参数化软件，对以下三项内容进行数字化模拟：

（1）交互系统／生物原型／组织结构的选择、分析和发展（3 周）；

（2）场地的选择、分析及其与生物原型的交互和反应的分析（4 周）；

（3）建筑的交互模式构建与具体功能的设计（5 周）。

4.1 生物系统选择与分析

课程的前三周教学过程主要是，首先引导学生探索自然界中某种生物体的动态机制运作方式，初步从知识层面上认识生物对环境变化的应对机制，然后用实际的物理材料对提炼出的反应机制进行物理模拟，再运用参数化设计工具来简单模拟抽象归纳出的变化模式。一方面通过物理材料模拟帮助学生抽象出动态机制；另一方面让学生初步掌握用参数化的设计工具来量化动态机制的技能。

4.1.1 生物原型的选择与模式归纳

第一周需要学生自主选定一种生物体（动物、生物或有机结构），并归纳出该生物体应对外界环境变化的某种反应机制的运作模式。对反应机制的归纳，不需以严格的生物学分类模式作为参考，而是将反应机制中的外界变化参数、反应的特征和具体应对行为总结出来即可。通过与带队导师的合作，概括出最适合描述该生物系统的构造模式，例如细胞骨架结构的折叠方式、甲壳类动物外壳结构的伸缩变化、蚁群成团移动时的聚集模式等，绘制结构图或变化模式图。

示例一　蚁群

以对蚁群聚集行为进行分析的学生作业为例，该作业的目标是研究蚂蚁的群体组团形式。蚂蚁单独个体的运动行为不具备明显的分布规律，但当其聚集成整体运动时则倾向于表现出一些智能的行为。[5] 因为蚂蚁是通过个体之间信息素的传递进行交流，所以蚂蚁会在寻觅食物的路径上留下信息素标记。

为了简化这一过程以便抽象出蚁群运动的模式，学生开始设定好固定数量的个体（蚂蚁）和在空间中随机分布的节点（食物源），并在节点之间两两连接形成边线（信息素）。当个体穿过网状结构的任一条边线时计一次数，当个体抵达节点位置时也计一次数。每次结构分支迭代相同的次数后，记录个体的位置，并绘制个体联系图。分析研究后发现，蚁群的成团结构不是围绕某一绝对中心进行聚集，保持相对稳定的总体形态，而是先组成小组团，然后不同形式的小组团再有机地结合在一起形成不断变化着的最终整体蚁群。（图 1）

RESEARCH - ANT

BIOLOGICAL TERRITORIES - Elastic/Tensile & Linkage

Wong Gilbert Weng Sun 300356813

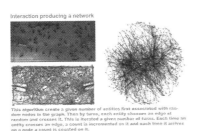

Interaction producing a network

This algorithm create a given number of entities first associated with random nodes in the graph. Then by turns, each entity chooses an edge at random and crosses it. This is iterated a given number of turns. Each time an entity crosses an edge, a count is incremented on it and each time it arrives on a node a count is counted on it.

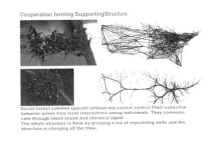

Cooperation forming Supporting Structure

Social insect colonies operate without any central control. Their collective behavior arisen from local interactions among individuals. They communicate through touch sound and chemical signal.
The whole structure is form by grouping a ton of repeating units and the structure is changing all the time.

Concept exploring -

1. Elastic
2. Tensile
3. Linkage

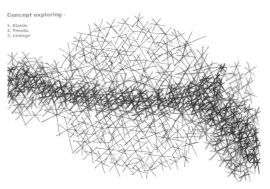

图 1　蚁群分析

4.1.2 物理模型模拟

第二周在确定了各自的生物原型并总结出交互模式后，通过研究面对不同外界环境影响时，材料本身的变化或材料与环境之间的交互关系，制作出能模拟生物体反应机制的手工模型。材料的形状、放置方式、密度、浓度、约束方式，自然环境的风速、明暗、干湿程度等变量，都会使原始的物理材料产生不同的形变来适应变化的外界条件。可以变化外部环境风热条件，如改变外部风向和悬挂方式来改变蜡块烧制后的形状（图2）；也可通过改变环境物体的形状，如使用不同形状的阻碍物观察蜡流动的形状（图3）；还可以通过一定的化学反应，如用丙酮腐蚀泡沫粒的中心部位使泡沫板呈网状结构（图4）。这一阶段将复杂的生物反应机制归纳为可控的交互模式，为下阶段的参数化模拟奠定基础。

图2　外力作用下的蜡块

图3　流动的蜡

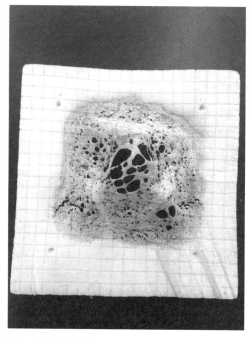

图4　被腐蚀的泡沫板

示例二　六角海绵

该作业选定的的生物对象是六角海绵（生活在深海的软体生物），它具有硅质的六辐骨针，六个辐相互垂直相交于一点，形成网状的外形结构。[6] 在受到不同海水压力时，六角海绵通过节点位置的移动和连接节点硅质骨针的收缩，来实现对外形的改变。为了模拟这种动态的网状结构，使用在受热时可受外界拉力收缩变形的 7mm 热胶棒来模拟硅质骨针，以具有较好弹性和延展性的莱卡布（lycra）来表示六角海绵的形态变化。

首先，将莱卡布用图钉固定在平板上，然后将热胶缠绕在图钉上附着在布料表面。当热胶在胶枪的加热状态下具有一定伸缩性时，将布料从固定的平板上取下，观察其在受到重力和施加拉力时的自由形态。通过改变图钉分布和热胶网的密度、缠绕模式（模拟节点和硅质骨针的分布情况），以及外界拉力的大小、方向（模拟海水压力的变化），实现布料的变形，从而模拟海绵的形态变化。（图 5）在下阶段的建模中，使用 MAYA 或 Kangaroo（力学模拟）插件，从约束点和物理拉力等方面进行参数化模拟。

4.1.3　确定参数化模拟原型

第三周初步使用参数化设计软件，在深入了解其正、逆运动学和动态场系统后，对上一阶段由物理模型抽象出的交互模式进行软件模拟，为后期建筑的交互系统设计确定原型。如利用 Grasshopper 的 Kangaroo（力学模拟）、Anemone（循环迭代）等插件，或 MAYA 中的 Ncloth（布料模拟）、Nparticle（粒子模拟）等物理系统，实现对物理模型的数字模拟。（图 6）

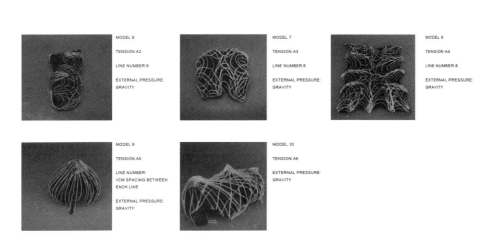

图 5　六角海绵物理模型模拟

4.2　场地的选择与和生物原型的交互分析

课程的第二部分主要着眼于将第一阶段的交互模式与具体的场地结合起来，使学生能将前期探索的生物类型的内部逻辑与实际场地中存在的"变量"建立联系，为抽象出的交互原型赋予现实意义。

4.2.1　场地的选择

与往常给定单一场地的设计课任务要求不同，该课程一共给出了惠灵顿地区周围 10 个不同的场地供学生选择。每个场地都具有各自显著的环境差异和地理特性，例如惠灵顿中心商务区 Pipitea 区域、城郊自然保护区内的 Karori 水库、位于惠灵顿南端海滨半岛上的 Moa Point 等。场地选择的依据是，考察前期确定的交互原型是否与被选择场地的环境变量相吻合。

4.2.2　场地的交互分析

对场地的分析，不应只从传统的静态场地分析着手（如海拔、形状边界、视域、朝向等因素分析），而

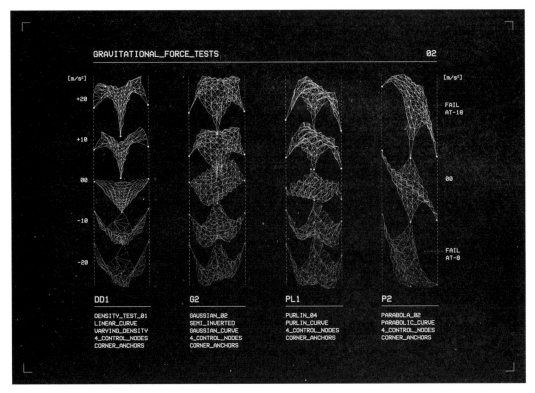

图6 使用 Kangaroo 插件模拟重力系统

是应将场地视作一个动态作用力场，在此基础上分析不同阳光条件下场地的亮度变化、阴影变化、热动力区分布、地质变化、气压分布、地貌的纹理颜色变化等方面，来提取出场地中变量因子。通过参数化表达方式，给变量因子设定的不同数值，探索如何实现生物体反应机制与环境变量的有机结合。

示例三 变色蜥蜴

变色蜥蜴能根据环境颜色的变化来调节自身的皮肤颜色，其皮肤中的虹色细胞（iridophore cell）含有无数的纳米晶体结构，通过改变晶体的尺寸、形状和排列方式来改变体色。[7] 在不同位置使用热量大小不同的热源，加热透明的亚克力板，使每块板内部生成在半径和数量上具有明显差异的气泡群，模拟变色龙皮肤内的晶体结构，使直射光产生折射出现变色现象。

为了建立场地与生物原型的交互关系，方案需要先将场地的光照情况转化为具体数值，以晶体的数量、半径、增长速度、单体间相互距离为参数变量，来控制其最终形态，模拟生物的反应机制。先收集被选定场地的阴影图（从早上七点半太阳升起开始，每隔一个半小时，共 7 个时段的遥感照片），再使用 Grasshopper 的图像采集器（image sampler）将阴影图像转化为 HSV 数值，当光照呈不同数值时，参数化模拟的晶体群体的形态也随之产生变化。（图 7）

4.3 动态建筑机制设计

在经过前面两个阶段对交互模式的抽象归纳和场地的选择分析之后，课程的最后 5 周进入具体的建筑设计阶段。依照学生自己选择的生物原型，设定一种能用该动态反应机制合理应对的未来灾难情景。

课程要求设计出一个在面临外界的生态崩溃、流行性疾病、战争冲突等问题时，维护生态秩序和保护建筑使用者的环境自适应性建筑体。建筑的架构逻辑，应是模拟自然中有机物和动物等对自然外力的反应机制。通过设计不同的结构材料或是独特的空间组织方式，让建筑本体能够以过滤、分离、偏转、后退、攻击、掩蔽、漂浮等方式来应对外界灾难。

这一阶段的主要目的是，希望学生在设定的环境背景中，能以参数化方式控制建筑的反应机制，应对外界环境的可变因素。具体表现在，建筑结构上如何能适应可变因素，和建筑功能上如何能满足不同环境条件下使用者对建筑变化的功能需求。通过对上述两者的探讨与设计，实现用参数化设计来生成建筑架构逻辑的目的。

示例四 天使之城

该作业选择模拟海胆刺在纳米单位上的生物矿化现象，经过前期的研究发现，海胆刺是利用自然矿物质来增强、硬化自身结构，以对抗外界变化的海水压力。作业通过模拟海胆刺的矿化作用，设计出面对海

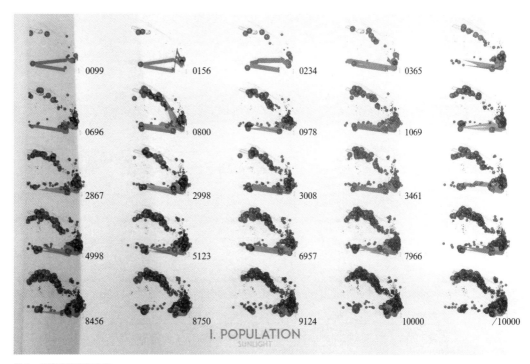

图7　晶体群的形态变化

啸的不同海水压力时，改变自身结构硬度的临时避难所。建筑可变的硬度结构，使临时避难所可承受住海啸的压力不至于断裂的同时，又能够一定程度地移动以减小水体的阻力，从而增强建筑整体的稳固性。

　　设计出根据人群数量而大小不同的封闭球形庇护所，让人们躲避在其中。方案结合第二阶段场地变化参数的数字化模拟实验的结果，在球形庇护所之间构建可以依据海水压力的不同来向、大小等参数而呈现不同的形态的网状连接结构。网状结构中的方形连接体块则是模拟海胆刺吸收的海水中矿物质。它们附着在连接结构上，并自我调整大小、分布、朝向，来改变连接结构的稳定性。（图8）

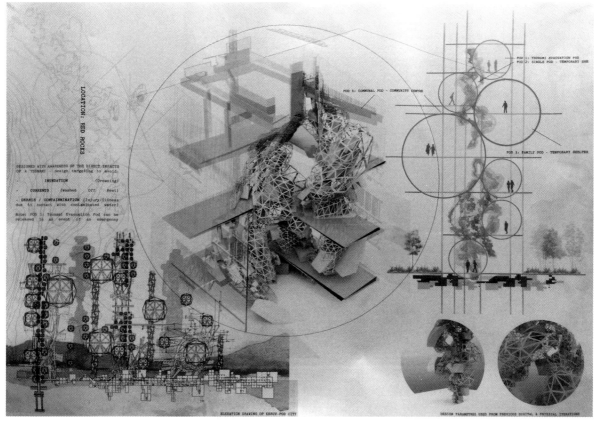

图8　天使之城

5 思考与总结

通过参与惠灵顿维多利亚大学12周的数字化建筑设计课程，深刻感受到其教学模式与国内现有的参数化课程有显著不同。具体表现在：

（1）设计思维的变化。国内大多建筑教育课程中，对环境的分析影响主要是集中在定性和描述上，缺乏深入、对应性量化研究，很多环境因子与建筑之间没有建立函数关系。由于参数化设计工具的使用，带来对建筑设计的重新认识。对形态（Form）生成逻辑更加理性，借助于更加量化的环境因子与建筑形态的响应关系，揭示和回归到设计的本原。

（2）教学方式上的变化。软件应用既不是最终目的，也不是全部内容。不是把熟练操作参数化软件作为教学目标，而是强调观察和理解个体与环境的互动现象，并用参数化工具实现互动。学生先通过简单数字模拟生物原型的变化模式，结合对物理材料的可控性试验，明白个体如何通过改变自身参数来适应环境变化。再结合具体的场地和环境变量，运用上一阶段掌握的模拟手段（如粒子系统模拟、树状结构迭代模拟等），进行具体的动态建筑反应机制设计。

（3）对参数化软件运用上的扩展。国内的参数化设计课程的教学不能简单地停留在对软件的熟练操控上，而是应引导学生理解环境与建筑的交互关系，在动态建筑设计的思维的指导下，更加有效地利用参数化的可变性，实现对建筑架构、形态的精准调节，达到环境自适应性的目的。突破仅将参数化设计工具运用在建筑表皮系统、流体造型塑造上的瓶颈，使学生能利用参数化工具编写出特定的响应机制的运作程序，为最终设计出与环境具有交互关系的动态建筑奠定基础。

参考文献：

[1] Weta Digital.Awards[EB/OL]. https://www.wetafx.co.nz/awards/.2019−02−13.
[2] Wikipedia.Kinetic Architecture[EB/OL]. https://en.m.wikipedia.org/wiki/Kinetic_architecture.2019−02−14.
[3] 耿多．格雷戈·林恩数字化设计方法研究 [D]. 北京：北京建筑工程学院,2012.
[4] Derek Kawiti.Course Content of ARCI 311[EB/OL].https://www.victoria.ac.nz/courses/arci/311/2018/offering?crn=18528.2018−02−15.
[5] 康与云．元功能链驱动的机电产品矩阵式创新设计方法 [M]. 济南：山东人民出版社, 2015.
[6] 杨德渐，孙世春．海洋无脊椎动物学 [M]. 青岛：中国海洋大学出版社, 1999.
[7] Jérémie Teyssier, Suzanne V. Saenko. Photonic crystals cause active colour change in chameleons[EB/OL].https://www.nature.com/articles/ncomms. 2015−03−10.

图片来源：

图1　蚁群分析（图片来源：学生作业）
图2　外力作用下的蜡块（图片来源：作者拍摄）
图3　流动的蜡（图片来源：作者拍摄）
图4　被腐蚀的泡沫板（图片来源：作者拍摄）
图5　六角海绵物理模型模拟（图片来源：学生作业）
图6　使用 Kangaroo 插件模拟重力系统（图片来源：学生作业）
图7　晶体群的形态变化（图片来源：学生作业）
图8　天使之城（图片来源：学生作业）

作者：刘雨秋，武汉大学城市设计学院　本科生；刘卫兵，武汉大学城市设计学院

基于自主营造的建筑设计教学与思考

——以中欧联合冰雪建造营教学实践为例

罗鹏　袁路

Architectural learning based on the self-construction
——Case study of Sino-Euro Joint Studio of Ice Architecture Construction

■摘要：建筑设计教学的本质，具有知识性与经验性并重的特征。面对当下建筑领域不断涌现的新兴建筑材料与建筑技术，众多建筑师和建筑教育者对于高校建筑教育模式的变革与创新提出了探讨。本文以在中国哈尔滨举办的中欧冰雪联合建造营为案例，总结回顾了建造营从理论知识讲授、冰雪材料实验、冰雪建筑设计、施工方案制定到实际建造的全过程，系统地分析了建筑设计学习与实际建造之间的关系，架构了知识学习和建造实践相结合的教学体系；并探索了通过自主营造进行建筑设计学习的教学模式，为日后实践型建筑设计教学提供参考。

■关键词：冰雪建筑　自主营造　学习　实践

Abstract：This paper takes the Sino—Euro Joint Studio of ice architecture construction in Harbin China for example and systematically analyzes the relationship between architectural design and the actual construction．It reviews the whole process of the Sino—Euro Joint Studio of ice architecture construction from the ice composites material performance test，ice architecture design，the development of construction schemes to the real construction which provides a reference for the architectural learning based on the practical construction in the future．

Key words：ice and snow architecture；self—construction；learning，practice

1. 引言

建筑作为动词，是指建造的过程；其理论形成的基础，正来源于在实践中经验的积累和应用。只是随着西方文艺复兴之后文学描述和透视绘图学习建筑方法的产生，特别是法国巴黎美术学院的"布扎"体系学徒式图板训练（studio 教学体系）的出现，使得建筑师的专业培养从工地习得逐步转变为绘画训练和法式规则学习。[1]不可否认，图纸的表达和设计

studio 训练的便捷、高效相较于包豪斯式的 workshop 工艺训练有明显的成本优势，[2] 但其代价就是使建筑设计与建造在一定程度上相分离，从而造成建筑学毕业生缺乏对实际建造的知识储备和项目经验，难以应对实际工作中的问题。

为此，国外高等建筑教育探索了一系列改革：其中，由英国谢菲尔德大学在 1999 年提出的情景项目课程就要求学生以团队形式接触当地的社区业主、慈善团体、医疗机构，参与实际建造项目；学生通过独立组织项目，进行管理、沟通、团队合作和信息交流等技能训练，在真实场景中学习和思考。瑞士的 ETH、日本的东京工业大学等著名院校亦十分重视技术思维的训练，在建筑教学的基础训练中提出用真实材料进行建造的要求。

近十多年来，中国众多的建筑师和教育者也意识到这一问题，在教学体系中更加重视实践教学：张永和教授在 MIT 和北京大学任教期间，都提到了学生参与建造的重要性。2006 年同济大学在国内首次举办了以纸板为建筑材料的国际建造节活动。此后，各大高校基础教学环节的"建造节"陆续开展（表 1），逐步建立起学生直观认识建筑的良好平台。

高校建造节总结 表1

建造节名称	开始年份	材料	地点
同济大学国际建造节	2006	瓦楞纸板、中空 PP 板	上海
哈尔滨工业大学建造节	2009	瓦楞纸板、中空 PP 板	哈尔滨
东南大学建造节	2016	竹材	南京
华南理工大学共享木构设施搭建比赛	2016	木构设施	广州
楼纳国际高校建造大赛	2016	竹材	楼纳

2. 教学体系设计

2.1 教学课程背景

自 2011 年起，哈尔滨工业大学建筑学院开设建筑与结构跨学科联合设计课程，强调理论学习与实际操作相结合，通过学生的亲身实践，理解建筑与结构的关系并应用相关知识进行协同创新。在此基础上，2016 年 12 月，哈尔滨工业大学建筑学院结合自身寒地特色，开展了中欧冰雪联合建造营课程实践。这是一次基于自主营造的建筑设计教育模式下的教学与科研相结合的学术交流活动，也是中国首次针对冰雪复合材料，在寒地气候条件下，由学生自行完成从设计到项目组织及施工全过程的建造实践。

从目前高校建造节所使用的材料来看，纸板、竹材和木材是建造中最常使用的材料。易获取、易建造同时又要保证一定的强度是这类建造材料的共同特征。而冰雪建筑是一种以冰、雪作为主要建造材料的建筑形式，具有材料制备简易，造型美观可控的特点，十分适合作为自主营造活动的建筑材料。

在这一领域，目前国际上的主要研究者有日本学者 Tsutomu Kokawa、瑞士学者 Heinz Isler 等人，他们主要针对冰雪材料强化、冰雪结构施工、冰雪建造技术等方面进行了一系列分析与研究。2014 年，荷兰埃因霍芬大学的 Arno Pronk 教授在芬兰利用"Pykrete"复合冰材料完成了一座 30 米跨冰穹顶建筑的设计与建造。这一建筑是目前全世界跨度最大的冰壳，同时也是木屑—冰复合材料"Pykrete"在大规模实体建筑中的首次使用。2015 年，"冰雪圣家族大教堂"制作完成，与 2014 年的大穹顶类似，这一结构也使用了索网约束充气膜及复合冰雪喷射等技术，但其区别在于"圣家族大教堂"的高度达到 21 米，是首个塔状冰壳建筑。在冰雪建筑领域的既有研究和成功实践，为本次建造营提供了可靠的理论支持和技术保障。

2.2 教学体系设计

本次建造营教学体系设计参考了美国哲学家杜威在实用主义教育思想中提出的"从做中学"的知行观，以及认知心理学中人们对于知识的获得、储存、提取和运用过程的研究。认知心理学认为人脑在接受外界信息时不是消极、被动的，它要用原有的知识和经验对这些信息进行选择、组织、加工、处理，抽取它们的本质特征，结合有关知识，选择主要的、有用的信息储存起来。这提示了在教学中，应该把学生看成学习的主体，充分发挥学生学习的主动性和积极性[3]。因此，本次建造营的教学体系设计分为理论教学、设计教学、实践教学三大阶段。分别对应了知识的获取、应用和实践三个过程。让学生参与到实际建造过程中，在知识的实践的过程中，发现问题并解决问题，从而在对知识进行验证的过程中，对原有的知识认知体系进行扩充。(图 1、图 2)

与国内既有的建造活动有所不同，本次建造营具有如下特点：①培养方式的自主性：体现在项目团队

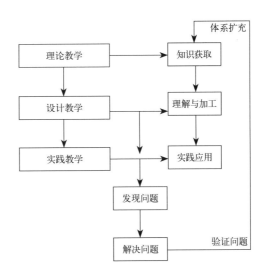

图1 教学体系逻辑关系示意图

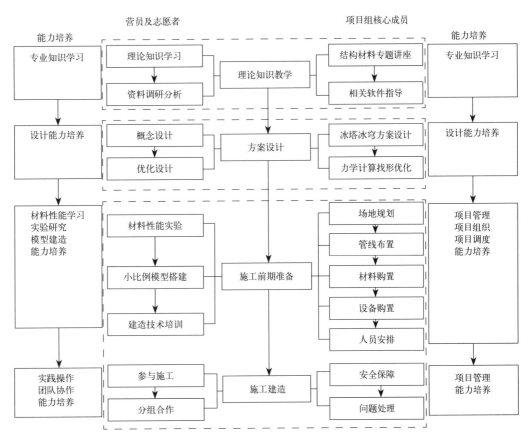

图2 中欧联合建造营教学体系与流程图

自主投资，学生参与全部教学过程，学生既是知识的学习者，又是项目的组织者，部分环节还是知识的传授者。②参与模式的开放性：与面对任务书的假命题不同，此次建造营有面向社会的目标甲方和施工单位的共同参与，是将建筑教育落实到社会大环境中的一次尝试；同时，参与学生采取自愿报名方式，不限本科生与研究生，形成校际交流、国际交流以及包括建筑、结构、管理在内的跨专业交流。③完整性：学生参与项目组织到实施的全过程，从理论学习到设计实践，通过真实的建造发现问题，并在寻求解答的过程中对知识进行验证，从而形成完成的知识体系。④独特性：运用地域材料，突出地域特色；冰雪作为建筑材料体现出建筑与地域环境的亲密对话；建造结合对材料特性与结构的研究，具有冰雪建造的独特性；此外，冰雪建造营的创新结果可直接应用于建筑实践，是建筑实践教学领域的有力补充和多元化探索。

3.教学课程实践

2016年12月，哈尔滨工业大学建筑学院、土木工程学院联合荷兰埃因霍芬理工大学、比利时鲁汶大学，和中建四局共同举办了中欧联合冰雪建造营。建造营历时35天，活动地点设在哈尔滨工业大学校园内，来自中外多所大学的 47 名学生应用冰雪复合材料，采用气膜冰雪喷射成型技术自主参与建造了高 4.6m、直径 11m 的冰穹，2 座高 5m 的冰塔以及多个冰建筑模型。建造营分为理论教学、设计教学、实践教学三个阶段。

3.1 理论教学

理论教学从 2016 年 11 月 20 日开始，至 11 月 24 日结束，共计 8 学时，是整个教学过程的基础。课程的理论教学采用团队授课方式，由建筑设计与结构工程不同专业的教师与研究生跨学科组成联合教学组。理论教学的内容包括：冰雪建筑相关知识、结构知识、相关软件培训、典型案例分析等内容。不同于常规的建筑设计课程中，大多由教师主导，学生参与学习的情况。在本次建造营课程的理论教学过程中，学生不是一直扮"学习者"的角色，项目核心团队的学生同时作为项目教学团队成员、协调者和组织者。在此基础上的理论知识学习，更能激发学生对于问题的思考和反馈，最终形成的实践教学也更加具有说服力。

3.2 实验教学

设计教学是在理论教学基础上对所学知识的应用，共计 12 学时，设计教学分为两大部分：一部分为核心团队参与的有特定设计目标的冰穹与冰塔设计；另一部分是由各组营员参与的自定目标的开放式设计。

冰穹和冰塔设计从 11 月初开始，到 11 月 25 日结束，由建筑和结构专业的学生合作完成。设计阶段，借助 Ansys、Rhino、Grasshopper 等计算机软件对建筑方案进行模拟、力学计算和形态优化，最终确定了冰穹和冰塔的建筑形态。在跨度和高度上验证冰壳的各项性能，为进一步设计建造大规模冰壳建筑打下基础。如图 3(a-d) 所示。

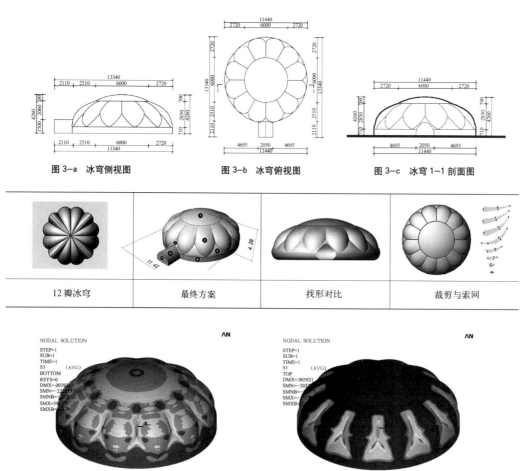

图 3-a 冰穹侧视图　　　　图 3-b 冰穹俯视图　　　　图 3-c 冰穹 1-1 剖面图

12 瓣冰穹　　　最终方案　　　找形对比　　　裁剪与索网

图 3-d 冰穹找形过程

由各组营员参与的小组方案设计从 11 月 28 日到 12 月 8 日，共计 12 学时。各组同学利用所学知识设计符合冰雪建筑特点、结构合理、形态新颖并可建造的冰建筑（或构筑物），各小组在完成初步设计方案的同时，还需通过实验方式测试冰复合材料的性能、考虑实际建造方法、实现方案优化，并尝试自主搭建。注重研究性和创新性，设计过程强调与实验相结合，通过实验，对冰雪建筑的材料性能、结构体系进行进一步理解，在此基础上进行设计，因此，设计过程是研究性设计和创新型设计。设计伴随实验。设计也是为施工做准备，最终 6 个设计小组，实际建造出 6 个形态各异，以 1m×1m 为规模的小比例模型作品，如图 4 所示。

支撑结构	建造方式	模板形态	最终形态
气膜结构	采用充气膜结构作为支撑结构。在膜材料上浇筑冰雪复合材料,形成冰壳后排出气体,撤膜,形成内部空间		
	采用充气膜结构作为支撑结构。在膜材料上浇筑冰雪复合材料,形成冰壳后撤膜,形成内部空间		
刚性结构与柔性结构相结合	织物加框架固定作为支撑结构。将冰雪复合材料浇筑在织物上,形成厚度后再撤掉结构框架,形成刚性结构		
	以刚性结构支撑柔性结构将冰雪复合材料浇筑在织物上,形成厚度后,再撤掉刚性结构框架,形态稳定		
半刚性结构	利用钢丝网塑造出建筑造型,将冰雪复合材料浇筑在钢丝网上,形成冰壳后形成刚性结构		
张拉结构	搭建框架悬吊充气膜;挂上充气膜用胶带勾勒出山峰的形状,喷射冰雪复合材料形成冰壳后拆卸框架和充气膜	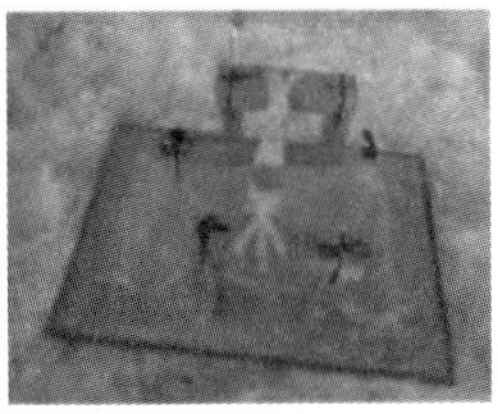	

图 4　小组模型及建造方式

3.3　实践教学

实践教学是本次建造营的核心,分为施工前期准备和施工建造两大阶段,从 2016 年 12 月 1 日到 12 月 25 日,共计 25 天。施工前期准备从 2016 年 12 月 1 日到 12 月 13 日,在施工前,项目核心团队进行了场地规划、管线布置、材料购置、设备购置、人员安排、电路改装等前期准备工作。

施工建造从 2016 年 12 月 15 日开始,为期 10 天。建造过程分为四个阶段(图5):气膜预充气、基础锚固、冰雪复合材料喷射、撤膜成型。学生分为室内外两组,相互配合 (图6)。室内组学生的主要工作为复合材料配制、泵送设备控制;室外的学生进行建造施工。建造过程的复杂性和不确定性,决定了它不再像传统类型学设计教学那样可控。在有限的时间内,学生们需要管理、调控施工现场,与不同国家、不同专业的同伴协调,克服跨专业与跨文化之间的交流困难,共同完成任务要求,由此带来的多学科交叉贯穿项目的始终。在这个过程中,完成课题任务的唯一方法就是在理论知识学习的基础上,将想法和思路与团队中的学生进行交流和探讨,在设计中实验,在实践中研究,形成独立思考的意识,学会自主解决问题,将知识真正内化为能力。建造营给学生提供的不仅是建筑设计训练,而是让学生在团队中体验组织者、协调者、建造者、研究者等多方面角色,以应对当代职业建筑师的多元化发展模式与综合的知识体系。

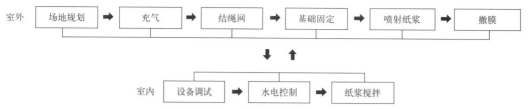

室外　场地规划 ➡ 充气 ➡ 结绳网 ➡ 基础固定 ➡ 喷射纸浆 ➡ 撒膜

室内　设备调试 ➡ 水电控制 ➡ 纸浆搅拌

图5　施工建造过程图

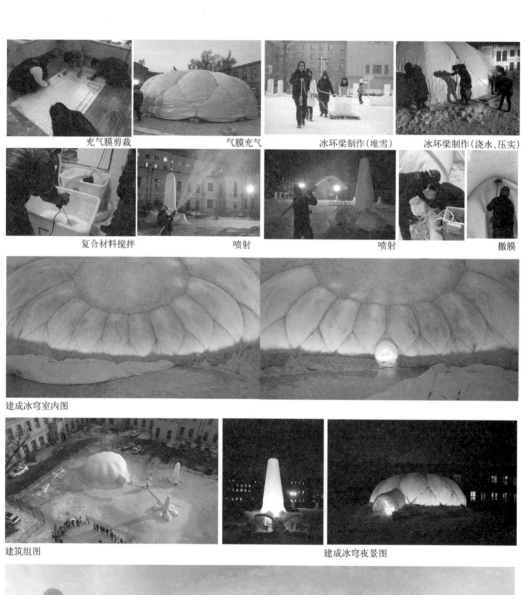

充气膜剪裁　　　气膜充气　　　冰环梁制作(堆雪)　　冰环梁制作(浇水、压实)

复合材料搅拌　　　喷射　　　　　喷射　　　　撒膜

建成冰穹室内图

建筑组图　　　　　　　　　　　　建成冰穹夜景图

建成建筑日景图

图6　施工建造及最终效果

4．教学效果与经验总结

本次建造营结束后，为进一步分析和总结教学效果，教学组采用问卷调查的方式对参与人进行了调查，共发放了 47 份问卷，回收有效问卷 39 份，问卷设计分为四大部分，分别针对参与者的基本情况、参与建造营的目的及收获、施工建造过程中的问题处理和教学效果反馈。

4.1 问卷调查结果与分析

（1）针对参与者参与建造营的目的与收获，调查设置了 3 个问题：①参与建造营的目的；②参加此次建造营是否有收获；③哪个环节收获最大。

从对学生参与建造营的目的的分析中，可以看出低年级同学参加建造营的主要目的是觉得好奇想尝试新鲜事物，而研究生想提高自己动手能力的所占比例最高。总体来看，冰雪建造营吸引同学参与的主要原因在于运用新材料和新手段进行建造实践。（表 2）

针对学生参与此次建造营是否有收获的问题，从调查结果中可以看出，94.87% 的同学认为参加此次活动有收获，其中 35.9% 的学认为收获很大，其中，核心团队所获得收获最大；同时有 87.18% 的同学表示还会参加此类建造活动，12.82% 的同学表示可能会参加。可以看出，此次建造实践教学总体取得了学生的肯定。（表 3）

表 2　您参与此次建造营的目的?

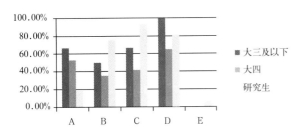

A. 为出国或考研积累资料

B. 想学习相关理论知识

C. 提高自己的动手能力

D. 觉得好奇想尝试一下新鲜事物

E. 其他

表 3　您觉得参加此次活动有收获吗?

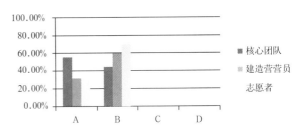

A. 收获很大

B. 有收获

C. 收获不大

D. 没收获

针对收获最大的环节，从调查结果可以看出：66.67% 的学生认为施工建造环节是收获最大的环节，其次是中外交流合作和团队沟通工作，所占比例分别为 48.72% 和 41.03%。其中核心团队和营员由于与外国学生团队接触更加深入，体会到跨文化交流的感受比普通志愿者更为深刻。同时，核心团队成员由于承担着场地规划、施工安排、人员组织、设备购买与调试等组织管理工作，这使得他们在解决突发事件方面收获颇丰。（表 4）

（2）针对施工中遇到问题如何处理的情况，教学组对有过建造经历的学生和没有建造经历的学生的反馈情况进行了分析和对比。结果发现，有过实际建造经验的同学，遇到问题时选择自己尝试解决的比重更大。（表 5）

表 4　您认为此次活动哪一个环节您的收获最大?

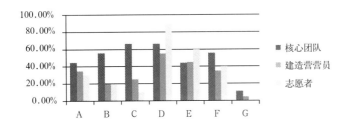

A. 理论知识学习　　　　E. 团队沟通合作

B. 项目组织管理　　　　F. 中外交流合作

C. 解决突发事件　　　　G. 其他

D. 施工建造过程

表 5　您在施工建造过程中，遇到问题是如何解决的?

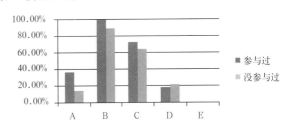

A. 自己尝试解决

B. 小组合作解决

C. 向负责人和老师请教

D. 参阅相关资料

（3）针对此次建造营教学效果的调查，问卷设置了4个问题：①结合建造的学习过程必不必要；②此次实践教学活动与原有教学体系之间关系；③本次教学活动的不足；④成功教学实践项目的主要影响因素。

结果显示：100%的学生认为结合建造的学习过程有必要，其中56.41%的学生认为非常有必要（如图7-a、7-b所示）；41.03%的学生认为实践教学活动与原有教学体系之间形成了有效的互补关系，56.41%的学生认为两者有一定关联，2.56%的学生认为有一定冲突。综合来看，绝大多数学生认可此次建造活动是对原有教学体系的扩展和补充。

图7-a　您认为此次建造活动是否有必要　　　图7-b　您认为此次活动与原有教学体系的关系

针对此次活动不足之处，48.72%的学生认为活动形式不够丰富是此次建造营最大的不足。（如表6）针对一个成功教学实践项目的主要影响因素，教学组对核心团队、建造营营员和志愿者的评价分别做了统计（表7）从问卷情况来分析，对于营员和志愿者来说，他们认为成功的教学实践最主要的影响因素是合理的教学安排和充分的技术保障；而从核心团队的角度，他们认为学生的积极参与是成功教学实践项目的最重要因素。

表6　您认为从教学的角度，本次活动有哪些不足？

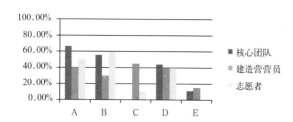

A. 理论知识传授不充分
B. 专业指导不充分
C. 施工参与度较低
D. 活动开展形式不够丰富
E. 其他

表7　您认为一个成功的教学实践项目的主要影响因素为？

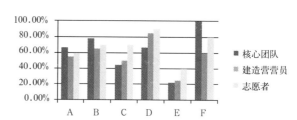

A. 资金支持
B. 适合的场地及基础设施条件
C. 多方参与合作
D. 合理的教学安排与充分的技术保障
E. 跨文化交流
F. 学生的积极参与

4.2　经验总结

通过对以上调查结果的分析，教学组对本次建造营活动进行了以下总结：

（1）从调查结果可以看出，实践教学受到学生的欢迎，结合建造实践的教学体系得到了肯定，此次教学对提高学生综合能力有较大作用，完整参与实践项目的全过程，有助于认知水平的提高。

（2）实践教学活动的参与度对实践教学的效果有很大影响，学生参与度越高，体会和收获越多，对于问题的认识也更深刻。

（3）自主营造能够培养学生独立思考的能力。有过实际建造经验的同学，遇到问题时选择自己尝试解决的比重更大。

（4）一个成功的教学实践项目的几点主要影响因素：首先，合理的组织安排是一次成功教学实践的前提；其次，学生的积极参与是一个教学实践项目成功的必要条件，其中，建造营的特色对于教学活动的主观积极性起到重要作用；此外，适合的场地及基础设施条件，资金支持是教学实践的基本保障，也是不可缺少的基础条件。因而，在今后的教学过程中，关注学生需求，丰富活动形式，提升学生的参与度是开展此类自主营造教学活动的重点。

5. 结语

近10年来，越来越多的国内知名大学开展了实验性建造教学研究，但以实际项目为核心进行建造的建筑设计教育目前在我国仍处于探索阶段。中欧联合冰雪建造营是一次基于自主营造模式的教学实验，对此次实践教学活动的总结，有助于发现教学过程中的问题，尤其为具有寒地地域特色的建造积累了经验。对于今后在设计教学中开展以项目为核心、自主营造为手段的教学活动起到了借鉴作用。

建筑设计的最终指向不外乎理论建构与建筑实现。从本次建造营的实践中可以看到，基于自主营造的建筑设计教学对于扩充学生的知识体系，提高学生的创新和设计能力都有积极的作用，通过对建筑材料、结构、建造方法的关注，培养了学生对建筑设计完整性的理解；作为课外教学活动，与课堂教学形成了互补，是对当代建筑教学实践探索的有力补充，也为实践性建筑设计教学开辟了新的思路。

（国家自然科学基金面上项目支持，项目编号：51678177；2017黑龙江省研究生教育教学改革项目支持，项目编号：SJGY20170685）

注释：

①姜涌，包杰，王丽娜．建造设计——材料、连接、表现：清华大学的建造实验 [M]．北京：中国建筑工业出版，2009．
②姜涌，宋晔皓，张弘等．营建体验与建造意义——清华大学建造实习教学侧记 [J]．城市建筑，2016(10)：44-46．

参考文献：

[1] 王朝霞，覃琳．重构建筑学的技术精神——建造实验教学模式探讨 [J]．新建筑，2011，(04)：27-30．
[2] 张永和．对建筑教育三个问题的思考 [J]．时代建筑，2001，(S1)：40-42．
[3] 李麟学．建筑设计教学中对建筑实践体系的关注 [J]．城市建筑，2012(14)：133-134．
[4] Harriet Harriss, Lynnette Widder. Architecture LIVE Projects—Pedagogy into practice. Typeset in Bembo by SunrisenSetting Ltd, Paignton, UK. P1.
[5] Pronk, A. D.C, & vasiliev, n. (2015). Ice composites as construction materials in projects of ice structures.

作者：罗鹏，哈尔滨工业大学建筑学院，寒地人居环境科学与技术工信部重点实验室，副教授，博士生导师；袁路，哈尔滨工业大学建筑学院，硕士研究生

转换·整合·拓展

——基于研究性思维的建筑设计教学探讨

周忠凯　刘长安

Transformation, Integration, Expansion:
Discussion of Architectural Design Teaching
Based on the Research Thinking

■摘要：在当今我国高校科研化的评价体制下，具有"实践性"特征的建筑学专业发展和专业教育面临很大挑战，也对教师平衡教学与科研、以研究带动教学提出了更高要求。基于建筑设计教学和研究的互动性，从设计与研究的概念内涵及互动关系的视角出发，结合建筑学毕业设计教学实验，探讨融合了研究性思维的建筑设计教学的组织思路和操作方法。试图将研究性要素与建筑设计教学实践环节有机整合，构建研究与设计并行的教学模式，以研促教，实现建筑设计教学过程的质量提升和学术研究拓展。

■关键词：研究型设计　设计研究　建筑设计教学　毕业设计

Abstract：In the contemporary scientific research evaluation system of colleges, it is a big challenge for the architectural development and architectural education with the practical characteristics, also puts forward higher requirements for teachers in balancing the teaching and research, as well as the research—driven teaching. Based on the interaction of architectural design teaching and research, starting from the conceptual connotation, relationship and research mechanism of design and research, based on the architectural graduation design practice, the architectural design teaching mode integrating with research thinking is to be explored. This paper is supposed to integrate research elements into design teaching process, and construct a teaching mode by combining research and design, in order to promote the quality and academic value for architectural design teaching

Key words：research—based design; design research; Architectural Design Teaching; Graduation Design

　　近年来建筑学专业发展和专业教育出现了新的趋势和变化：一方面，探究式学习、开放式教学等突破传统技能训练体系的新教学模式，丰富了设计教学的过程组织和内容形式，提升了学生的综合能力；另一方面，随着全球化趋势加强和数字技术发展，自上而下的教育模式变得扁平化，影响了学生的知识获取途径和方式，进而改变着建筑学核心设计课程的目标设定、组织形式及操作方法。这些变化，既源于愈加复杂的城市环境和建筑设计市场的多元挑战，作为工科类专业的建筑学教育对学生的培养由单一的技能训练，逐渐转化为对其综合能力尤其是自主创新能力的培养[1]，也源于在新的高校评价体系下，教师科研能力考核愈加严格，建筑学（专业）教学的理念和方法不断拓展，呈现出明显的向研究性教育发展转变的趋势。

面对此种趋势，许多处在建筑教育一线的教师准备不足，未能及时调整工作策略，在同步兼顾教学与科研工作方面较为被动。建筑学专业教学的实践环节（尤其是毕业设计）作为训练内容相对集中的专门环节，鉴于其时间周期较长的特点，可以在选题设定、过程组织和成果输出环节，与教师科研或教研方向关联，构建研究与设计互为依托的双线并行体系[2]，促进教学质量提升和科研成果转化。

一、科研评价体系下建筑设计教学现状分析

从国外至国内，建筑学专业的实践教学在当今高校的科研运作和评价机制中，体现出普遍的冲突和困惑。

1. 高校科研化的发展趋势

高校的发展和评价需要高效且可持续的科研力量和学术质量作为支撑，但如今大学的科研评价体系难以真实评价和体现建筑学的专业特点，并在某种程度上影响了建筑学（专业）教学的发展。如 2004 年，英国剑桥大学鉴于建筑学专业科研水平在英国 RAE 中评价较低，无法保持领先地位，决定关闭建筑系，虽由于校友及社会舆论压力撤回决定，但至今仍影响巨大。研究是包括建筑学在内的任何学科发展进步的保障，也是建筑学（专业）教学发展更新、保持创造力并与其他学科交叉互动的重要途径，建筑理论和技术的创新需要新知识支撑，而知识获取与研究密不可分。

2. 兼顾教学与科研的常态机制

作为一门侧重于实操的应用类专业，建筑学专业的实践教学一直以来践行"师徒授课模式"。然而，国内多数院校的建筑学专业由于运行成本和教学工作量核算机制等原因，普遍存在生师比过高的状况，建筑学教师需要分配大量时间和精力投入课程教学，势必影响学术研究的持续性和成果质量。因此，如何在有限的时间内兼顾科研和教学双重目标，成了多数教师面临的一项挑战。

3. 思维定式下的教学操作模式

依托设计教学或设计课题展开学术研究，运用科研的思维方法组织教学活动，是当今众多欧美建筑院校在高校科研体制下采用的通常做法。一方面，从任课教师角度审视，长久以来，受巴黎美院"布扎（Ecole des Beaux-Arts）"设计观念及"类型化"训练模式影响，许多教师习惯性地将多元化的设计课程教学，演化为以满足基本技术规范的重复性劳动和知识灌输，未能将建筑设计教学、设计实践和学术研究三者进行一体化整合，难以形成以研促教、研教结合的协作模式；另一方面，从学生视角观察，国内众多高校建筑学科一直未能形成重视研究的传统，导致学生轻视知识类课程和思维逻辑训练，认为建筑设计的核心是空间和形态的物化操作，研究氛围和探索性训练亟待加强。

二、融入研究性要素的建筑设计教学思路

1. 设计与研究的概念内涵及互动关系

建筑学融合了艺术、人文、技术学科的属性，具有综合性和复杂性特点，相较于其他工科专业，建筑设计教育需要更多师生面对面交流和多元的学生能力评价体系，其与科学研究活动之间存在差异。在建筑学语境下，我们谈论的"设计"被赋予了三维形式和功能，泛指方案的操作推进过程，具有生成属性，学术范畴内的"研究"以知识创新为目的，意味着通过"设计"行为进行系统性的问题求解和新知识发掘，具有分析属性[3]。

自 Herbert Simon 等在 1970 年代初步建立科学的设计方法和概念，将设计研究过程纳入设计问题求解理论以来[4]，众多学者针对二者关系进行了分类探讨。Christopher Frayling 提出了三种设计研究模式：Research Into Design、Research For Design、Research By Design，用以阐述研究和设计的关系。Milburn 将整合了研究内容的设计过程归纳为五类：概念测试模型（The Concept-Test Model）、分析——综合模型（The Analysis-Synthesis Model）、经验模型（The Experiential Model）、复杂智力运动模型（The Complex Intellectual Activity Model）及联想模型（The Associationist Model）[5]，并借助设计实验，论证了不同阶段设计与研究的交互关系（图1）。在"科学化"（scientification）背景下，建筑设计作为研究的重要组成部分和有效方法，需要与学术研究之间良好互动，通过不同学科知识的交叉融合以构建新的设计方法和知识网络[6]。欧美国家高校建筑学专业近年来的教育改革过程，特别强调构建探索式教学的创新机制和研究性质的教学体系，以实现

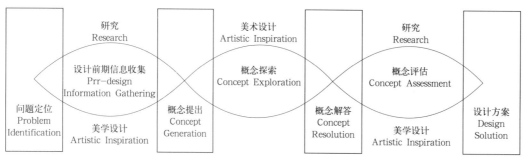

图1 不同阶段的设计与研究交互（作者改绘）

更好的教学目标[7]。经过近几十年发展，建筑学及其关联学科的核心研究和实践操作方法相对稳定，设计的过程和形式即是研究思辨的过程和成果，最终都是强调依托设计解决问题。建筑学科的内涵没有本质变化，只是随着社会的发展，外延得到极大扩展，研究的类型和表达方式更为多样[8]。

2．研究性建筑设计教学的组织方式

由于研究性建筑设计教学的工作量大且过程相对复杂，在明确设计与研究相互关系的基础上，为保证教学过程的有序推进和成果质量，需采取合理的操作策略，主要包括：①明确选题类型及方向。设计课题需具有研究性，基于参与学生特点具备一定的难度和深度，并能结合带队教师科研方向，形成合理的时间安排和工作量设定。②构建多元化设计梯队。设计团队研究方向相近的多位专业教师联合指导，负责过程指导和方向把控，创作主体可由不同层次学生（如研究生与本科生）混编构建，以强化其内在的主观能动性。③创建多层次沟通平台。结合设计教学进度和阶段节点，外请专家参与过程指导和专业反馈，互补互动，发挥协作优势。④整合调研与实践环节。教师应将研究性目标和设计内容进行拆分，合理分配至前期调研环节，以形成若干便于学生操作的研究专题，并与之后的实践环节有序对接。

三、研究性设计教学探索——以"潍坊大英烟厂片区空间更新与再生设计研究"毕业设计为例

国内建筑学专业的培养计划及其相应课程设定通常实行"3+2"模式，即本科一至三年级着重于建筑学基本知识和技能的学习，待基础夯实，四、五年级强调逻辑思维能力、设计研究能力及社会实践能力的提升。五年级毕业设计在选题类型、设计规模、功能空间方面更为复杂综合，而且参与学生已具备较好的设计分析和独立思考能力，因此，在相对灵活的毕业设计选题框架内，易于突出设计课题的研究性和创造性，拓展学生的学术视野[9]。有助于将前沿议题和科研项目转化为教学资源，促进学研互动，实现融"研究"于教学、以课程教学推动科研发展的目标。

一般而言，多数院校的建筑学毕业设计，以图纸为主的作业成果成为设计课程的目标和终点，教师在课程运行过程中投入大量时间和精力，确保设计成果质量。虽然成果可进行展览或参与竞赛，但教师的智慧和创造力与学生的课程进度相伴相生，往往伴随作业成果提交而结束。如果将毕业设计作为兼顾实践成果和学术价值输出的平台，可有效拓展及丰富设计成果类型、强化设计内容的学术价值。如今多数设计院校建立了"设计研究工作室"，作为融合设计教育实践和学术研究的有效工具，是保证设计学科知识创新的关键舞台[10]。以笔者参与指导的建筑学五年级毕业设计"潍坊大英烟厂片区空间更新与再生设计研究"为例，探索在目标任务设定、过程操作模式、人员组织管理、成果转化形式等方面如何融入研究性思维，对研究与教学互为依托的研究性设计教学模式进行了有益探索和实践。

（一）操作模式及过程

1．转换——以学生为主的开放研究过程

转换师生角色，以学生为主体，自下而上构建开放式研究性教学模式。传统模式下以教师为主体的授课形式，重结果轻过程，与学生多样化需求和创意性思维难以契合。随着建筑学毕业生就业和求学多元化趋势加强，应创造以学生为主的开放式环境，让思维活跃且具有研究潜质的学生更好发挥其能力和作用，满足其未来的发展需求。

此次毕业设计任务书选题及内容设定，在兼顾基本设计技能和知识训练的基础上，与指导教师的"融入生态要素的城市工业空间更新与保护再生机制研究"等学术积累和科研方向结合。教师在目标设定和过程控制上做到抓大放小，强调"工业片区改造兼顾物质空间和人文环境"的基本原则，对设计规模指标和案例研究等内容进行模糊性控制和参考性建议。学生以分组形式进行前期调研、资料收集和专题汇报，而教师主要协助学生构建探索性学习过程和研究性学习方法，并进行基本专业知识补充。最终学生主导了阶段性案例研究、专题汇报等内容，不仅形成了兼具学生个性和一定研究深度的阶段性教学成果，而且由于

设计内容与教师科研关联，指导学生的过程亦是对教师研究课题的不断思考和反馈，阶段性及最终设计成果对课题研究内容形成了良好的补充。

2．整合——资源与人员的层级化互动

整合研究资源，以设计研究工作室为平台整合科研和实践资源。设计指导教师受其专业知识和研究方向制约，难以对所有的设计知识概念、策略及技术细节提出深度见解。依托设计研究工作室平台，充分整合内部科研学术和外部实践资源，组织不同研究方向的教师和一线设计机构设计师，配合设计进度形成随堂专题讲座，包括"城市设计的调研方法""工业空间／建筑的保护理念和更新策略""水体作为生产性要素的介入策略"及"城市设计与空间形态操作方法""设计的分析与图式表达"等，在技术操作和学术研究两个层面保障了设计过程及成果质量（图2）。

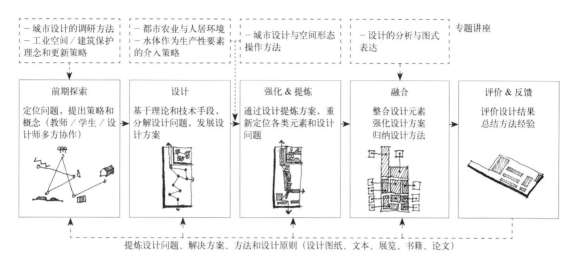

图2　研究性设计的运作模式

整合设计团队，本科生和研究生混编搭配。将本科生和硕士研究生混编分组纳入设计课题，是欧美建筑高校设计实践课程的重要组织形式。以笔者曾经就读的比利时鲁汶大学为例，在某次以城市区域更新为主题的城市设计课题中，由本科与硕士生共同参与。针对知识背景和研究能力差异进行人员分配和管理，本科生偏重于中观微观尺度的物质空间调研和技术性形态设计操作，而研究生主导宏观尺度的设计背景脉络梳理、问题探寻、设计概念策略的论证等具有一定思考深度的议题。借鉴此类经验，在设计初期纳入建筑学硕士研究生，与本科生形成彼此协调而又相对独立的团队层级。除与指导教师沟通交流外，由于经验和学习内容的差异性，二者从不同观点角度出发，互补互动，针对设计问题进行沟通。这不仅有助于提升本科毕业设计的逻辑性和思考深度，某种程度上也有助于研究生从设计过程中提炼和总结有效信息，形成与个人研究课题相关的论文成果。

3．拓展——类型多样的成果输出

传统的毕业设计，以参与学生提交图纸、模型或电子汇报文件为最终成果形式，并以此进行反馈和评价，成果类型单一。研究性毕业设计由于融入研究性元素，在明确的研究性思想引导下，更注意思维模式的基础构建和循序渐进的过程化控制。配合较长的设计周期（18~20周），可以形成具有原创性、研究性和学术性的多样化成果，如展览、设计图册、论文、学术专著等，以实现设计内容的研究价值和学术拓展。此次毕业设计初期便拟定了最终的成果类型和形式，成果目标切分为若干子项，在设计进程中分阶段整理和完善，并及时调整设计推进策略，实现了最终成果的类型多样化，并拓展了成果的深度（图3）。

外聘专家参与阶段性设计研究评价

成果展览

包含设计内容的专著

图3　多样的设计过程和部分研究成果

（二）反馈与评价

此次毕业设计在细致的运行框架内，依托设计研究工作室良好的研究资源和"研究生＋本科生"的混合设计团队，对融入研究性要素的建筑设计过程进行了有益实践。对学生而言，形成了各具特色的设计成果，训练了课题要求的基本知识和实践技能，初步培养了研究性设计思维，综合素质得到有效锻炼提升；对指导教师而言，积累了组织研究性毕业设计的宝贵经验，相关科研和教研项目得到了检验和完善，极大提高了科研的效率和热情。最终设计及研究成果得到了普遍肯定，获得校级优秀学士学位论文并参评省级优秀学士学位论文资格（图4）。部分设计内容也部分转化为科研成果，达到预期目标效果。

四、结语

在当前强调教学和科研协调互动、创新求变的大环境下，需要依托高校丰富的设计教学和科研资源，确立研究型设计观念，采用多样灵活的操作方式，构建具备建筑学专业特色的研究型设计方法和操作方式，是同步提升教学质量和科研成果水平的重要途径。具体而言包括三个方面：①摒弃将教学和研究分而治之的固有观念，依托课程设计教学进行研究，是提升个人科研素质和学术素养的重要途径和高效手段；②不"破"不"立"，只有强调研究在设计中的地位和作用，才能打破传统单一的模式化教学思维和操作方法，充分挖

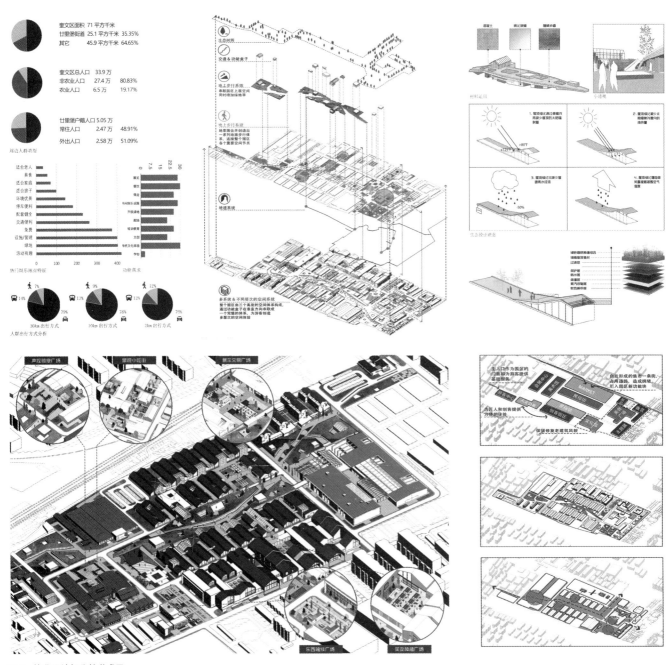

图 4　毕业设计部分教学成果

掘设计中的学术潜能和科研亮点，与设计过程的各个阶段紧密整合，使设计本身成为研究；③充分利用和整合有限的学术资源和科研平台，结合设计研究工作室及其科研团队的学术研究专长，形成教研相长、以教促研的良好机制，实现较好的学术生产力。

毕业设计是建筑学本科专业教育的综合性总结。在有限的毕业设计实践环节课程学时内，通过教学及科研资源的重组及调配，结合教师研究目标及内容的多向引导，优化研究性要素与教学实践的整合路径，可有效提升学生的综合能力，在某种程度上亦可反向促进教学目标和效率的提升，以满足当前学生就业多元化及发展个性化的需求。

（基金项目：国家自然科学基金资助，项目批准号：51778349，山东省自然科学基金项目，项目批准号：ZR2019PEE037）

图片来源
图1：作者改绘；
图2和图3：作者自绘和拍摄；
其余图片均来自学生作业

参考文献：
[1] 卢峰，黄海静，龙灝．开放式教学——建筑学教育模式与方法的转变 [J]．新建筑，2017(03)，44—49．
[2] 刘长安．多学科联合的研究性毕业设计教学探讨——以“生产性要素融入的绿色社区研究与设计”为例 [J]．高等建筑教育，2014，23(06)；129—133．
[3] [美] 琳达·格鲁特，大卫·王．建筑学研究方法 [J]．王晓梅译．北京：机械工业出版社，2005.7．
[4] Simon, H. A. Style in design. Spatial synthesis in computer-aided building design,1975(9)，287—309．
[5] Milburn L A S, Brown R D. The relationship between research and design in landscape architecture[J]. Landscape and urban planning，2003，64(1—2)；47—66．
[6] Lenzholzer S, Duchhart I, Koh J. 'Research through designing' in landscape architecture[J]. Landscape and Urban Planning，2013，113；120—127．
[7] 徐理勤．博洛尼亚进程中的德国高等教育改革及其启示 [J]．德国研究，2008 (3)；72—80．
[8] 丁沃沃．过渡，转换与建构 [J]．新建筑，2017(03)；4—8．
[9] 韩冬青，鲍莉，朱雷，夏兵．关联·集成·拓展——以学为中心的建筑学课程教学机制重构 [J]．新建筑，2017(03)；34—38．
[10] Armstrong, Helen. Design studios as research: an emerging paradigm for landscape architecture. Landscape Review，1999，5.2；5—25．

作者：周忠凯，天津大学建筑学院在读博士生，山东建筑大学建筑城规学院讲师；刘长安，山东建筑大学建筑城规学院副教授

基于"微建筑"创作理念的建构教学探索

——以中央美术学院四年级建构课程为例

苏勇

The Teaching exploration based on the concept of "micro architecture" creation —— Take the Central Academy of Fine Arts four grade construction course as an example

■摘要:本文首先回顾了我国"布扎"式的传统建筑教育模式存在的问题和建构课程兴起的原因,指出了目前在建构课程教学中普遍存在的问题,接着介绍了中央美术学院高年级建构课程教学过程中提出的"建构教学贯穿高低年级建筑设计课程""基于微建筑创作理念的建构"两种教学理念,最后用三个高年级建构实例印证了上述理念,并总结了建构课程的未来发展方向。

■关键词:微建筑 建构 高低年级 贯穿

Abstract : This paper first reviews the problems existing in China " Ecole des Beaux—Arts " traditional architecture education mode and the causes of the rise of the construction curriculum, pointed out that the current widespread problems in the construction curriculum teaching, and then introduces two teaching theories of "constructive teaching through the Architectural design course of Senior class and Junior class" and " the Construction based on the concept of micro architecture creation" presented in the construction teaching process of Senior class of The Central Academy of Fine Arts , Finally, three Senior class construction examples are used to confirm the above concepts and to summarize the future direction of the curriculum construction.

Key words : micro architecture creation; construction; Senior class and Junior class; Penetrate

引言:"布扎"式的建筑教育传统与建构课程的兴起

从 1927 年南京中央大学设立第一个建筑系开始到 1952 年全国高等学校院系大调整结束,再从改革开放后的 1980 年代到 21 世纪初,"布扎"(Ecole des Beaux—Arts)式的建筑教育体系一直是我国建筑教育界的主流,而最能反映"布扎"教育特点的是其设计基础课程,"基础训练的核心是渲染和构图练习"[1],由于过于注重艺术表现训练导致在我国建筑教学思想和模式中长期存在着"重艺轻技""技艺分离"的问题，时至今日这种现象在建筑院校中依然普遍存在。例如，在传统教学模式中建筑设计课程作为主干课程与建筑技术课程各自为政，自成体系，导致设计课将要解决的重点问题集中在建筑功能和建筑形式上，而将建筑结构、建筑材料、建筑构造等建筑技术问题置于被忽视或者简化处理的次要位置上，这种课程之间相互脱节的安排，使学生在设计中往往停留在形式操作层面，无法对设计方案进行后续深化，甚至可能导致学生在毕业以后面对实际项目需要解决具体的技术问题时无所适从。

针对"布扎"式的建筑教育体系存在的这种"重艺轻技""技艺分离"的问题，以及西方"建构文化"在 21 世纪初期在我国的兴起（肯尼斯·弗兰姆普敦在《建构文化研究》中提到"建筑首先是一种构造，然后才是表皮、体量和平面等更为抽象的东西"。他认为"准确的建造"是维系建筑持久存在的决定因素，建筑的创造过程是物质的以及具体的，一件建筑作品的最终展现与如何将建筑整体的各个部分组合有直接的联系。[2]），国内建筑院系开始在低年级的设计基础课中引入以实体搭建为主的建构教学，由于实体搭建的过程具有强烈的实践性、实验性、综合性和团队性，既可以通过研究材料特性、结构性能和构造工艺性等将建筑设计的关注点引向建筑的技术性，又可以通过亲身参与建造 1：1 的建筑空间调动学习者的主动性和积极性，因此被认为可以很好地解决传统"布扎"式建筑教育体系存在的诸多问题。然而，在近几年的教学实践过程中，我们发现以实体搭建为主的建构教学也存在不少问题。

1. 目前建构教学中存在问题的思考

1.1　建构课程缺乏连续性

目前国内大多数建筑院校的建构课程主要集中于一、二年级的设计基础课程，鲜有将其贯穿到四、五年级的建筑设计课程之中。由于一、二年级建筑学生才开始接触建筑设计，缺乏足够的建筑设计理论、建筑结构、建筑材料、建筑构造、建筑使用等知识储备，"艺"既不"精"，"技"亦不"熟"，使强调"艺技一体"的建构课程在教学效果上存在效率不高的问题。

1.2　建构课程定位不明确

目前的建构课程中存在实体搭建的究竟是 1：1 的大模型，还是 1：1 的真实建筑的定位问题。由于模型还是建筑的定位不明确，导致建构教学中对建筑关键问题与重点问题难以明确和深入。例如，如果将搭建的实体视为模型，那么关注的重点将仍然主要停留在建筑的形式、空间的构成与秩序等建筑艺术内容上，而缺乏对建筑材料、结构、构造等"技术"内容的深入考虑。而如果将实体视为真实的建筑，那么关注的重点将不仅仅限制在对建筑本身艺术和技术的思考，还会考虑建筑生成的内外因素和全过程。例如，会更重视环境和人的使用对建筑空间、建筑形体生成的作用；会更强调建筑经济、建筑结构、建筑材料、构造方式及细部处理与空间效果的关系。

1.3　建构教学方法不全面

目前国内建筑院校建构教学多采用价格低廉的纸板（包装箱纸板／瓦楞纸板）作为建构材料，（近年来部分高校也开始尝试阳光板、竹材、木材、金属等多种材料），纸板建筑结构形式和细部节点相对简单，使建构教学方法更加注重自身"空间—形体"构成的研究，而缺乏对搭建场地气候地形等环境要素、使用者行为模式、感知体验、经济控制、施工进度等因素的考虑，导致在教学中存在无视环境、使用受限、感受缺乏舒适性、搭建失败、超越预算等问题。

2. 中央美术学院高年级建构教学的理念

2.1　建构教学贯穿高低年级建筑设计课程

为解决将建构课程局限于低年级建筑基础课导致教学效果上存在效率不高的问题，中央美术学院建筑学院近年来尝试不仅在一年级下学期的设计基础课中设有建构教学课程，而且还在四年级下学期的大尺度建筑设计课程之后设有专门针对高年级学生的建构教学课程。由于四年级的建筑学学生已全部修完了建筑设计课程、建筑设计原理、中外建筑史、城市规划原理、城市设计原理、建筑结构、建筑材料、建筑设备、建筑物理、建筑构造等建筑学主干课程，基本具备了将建筑艺术和建筑技术整合考虑的素质，因此，高年级的建构教学就被定位为一次真实的微建筑创作和建造。学生必须一开始就树立全面的建筑设计观，从影响建筑生成的内外因素开始设计构思，并与建造结合起来整体考虑。为此，我们在建构教学中提出了基于"微建筑"创作理念的建构教育方法。

2.2　基于"微建筑"创作理念的建构

路易·康认为伟大的建筑物是无可量度的观念和可以量度的技术手段共同创造的。他在罗贝尔所著的《静谧与光明：路易·康的建筑精神》一书中指出："一座伟大的建筑物，按我的看法，必须从无可量度的状况开始，当它被设计着的时候又必须通过所有可以量度的手段，最后又一定是无可量度的。建筑房屋的唯一途径，也就是使建筑物呈现眼前的唯一途径，是通过可量度的手段。你必须服从自然法则。一定量的砖、施工方法以及工程技术均在必须之列。到最后，建筑物成了生活的一部分，它发出不可量度的气质，焕发出活生生的精神。"[3] 弗兰姆普顿在《建构文化研究》一书中也指出"建构研究的意图不是要否定建筑形式的体量性特点而是通过对实现它的结构和建造方式的思考来丰富和调和对于空间的优先考量"[2]。在实际建筑创作中，建构的内在逻辑性和形式的外在审美性，实体的建构和空间的构成都是同时发生的，两者在建筑活动中是不可分割的整体。

基于"微建筑"创作理念的建构教育方法的提出正是针对单纯强调建筑是表面形式美的创造，和单纯强调建筑是建筑材料、构造和结构方式所形成的建造的逻辑性产生的美的双重批判，是针对树立全面的建筑设计观提出的教学理论。它包括"微建筑"创作所涉及的目标"What"、人物"Who"、地点"Where"、时间"When"、手段"How"五个方面，是对影响建筑生成的内外因素的高度概括（图1）。具体而言：

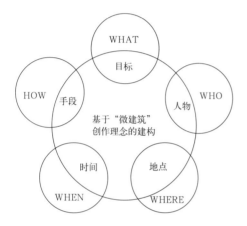

图1　基于"微建筑"创作理念的建构图示

2.2.1 what（是什么）

What（是什么）是建构的目标。它包含两个层次的含义，首先是对建构课的再认识和再定位——即建构是什么？相对于低年级而言的高年级搭建课程，由于学生对建筑的认识，以及理论和技术知识储备的不同，建构不应再被看成是一次以某种特定材料（例如纸板、阳光板、木材、竹材等）为主的空间构成，而应上升到以某种特定材料（例如纸板、阳光板、木材、竹材等）为主的真实建筑创作和建造。在设计构思的广度和深度上就必须按照真实建筑创作和建造展开。其次，由于真实的建筑创作和建造必然涉及建筑的使用者、建筑的地域性、地点性、经济性等诸多思考，还必须确定创作什么，它包含设计的概念和主题。

2.2.2 who（谁使用）

Who（谁使用）是建构的人物。约翰·波特曼认为"建筑的实质是空间，空间的本质是为人服务"[4]，换句话说，建筑首先并且最终是为人服务的。因此，如果搭建被看成是一次真实的"微建筑"创作和建造，就必须考虑是为谁服务的，

即使搭建的是临时建筑也要从使用者的需求（包括从内到外的观看、穿越、停留、休息、交流、回忆）出发去考虑设计的空间和构成空间的细部。

2.2.3 where（在哪里）

Where（在哪里）是建构的地点。它包含宏观的地域性和微观的地点性双重属性。斯蒂芬·霍尔认为"建筑与基地间应当有着某种经验上的联系，一种形而上的联系，一种诗意的连结！"[5]换句话说，作为真实"微建筑"创作的搭建，其创作过程中设计概念的形成和落实必须同时考虑搭建场地所在的宏观的地域性（包括抽象的地域文化、环境要素）和微观地点性（具体的地形、气候、植被、建筑文脉等环境要素），以及涉及经济和安全的结构形式、材料特性、构造方式、施工技术等设计条件。并以一种诗意（或者美）的形式将他们整合在一体。

2.2.4 when（在何时）

When（在何时）是建构的时间。包含两个层次，一是搭建是在某个特定季节进行的一种创作和建造过程，二是搭建是在一个限定时间内使用某种特定材料完成的一种创作和建造过程，因此必须考虑在特定季节和时间限定下建筑空间构成、建筑结构和构造节点的合理性以及施工的便利性。

2.2.5 how 怎么干

How（怎么干）是建构的手段。设计构思必须在上述各种设计要素的限定下权衡利弊、考察各要素的相互关系，兼顾设计的创新性、可行性和合理性，从而找到解决问题的最佳方案。这个过程需要开放的感性创作思维和理性的逻辑思维共同参与，即要避免单纯关注感性的创新性而造成的含糊其辞、模棱两可、缺乏可操作性和落地性，又要避免单纯关注理性的可操作性造成的想象力缺乏、构思受限。学生从人的需求分析、场地环境分析、气候分析、经济分析、材料分析开始形态操作、空间构成、节点设计、比例推敲、尺度权衡、光影控制、家具设计，掌握进行建筑创作常用的基本设计方法和语言，并建立起规划、建筑、景观、室内整体设计的基本意识。

3.中央美术学院高年级建构教学的实践

从2015年5月开始到2017年5月，中央美术学院四年级建筑学专业学生，结合高年级建构教学课程，连续参加了三届在厦门华侨大学举办的海峡两岸光明之城实体建构竞赛。该建构竞赛以"传承中华文化　共筑光明之城"为主题，要求学生在一天时间内用尽可能少的纸板（包装箱纸板／瓦楞纸板）在一个不超过9m²面积内进行建筑设计及建造活动，给学生提供一个从构思到实施搭建，并在自己建造的纸板建筑里真实体验的机会。

在基于"微建筑"创作理念的建构教育方法指导下，中央美术学院提交的三个作品分别获得了一项金奖和两项银奖的佳绩。

3.1 有无之间

What：一个微缩城市

"有无之间"是针对现代城市中存在大量非人性的失落空间这一现实，设想以人体工程学、环境心理学和建筑现象学为基础，搭建一个从身（生理上）和心（心理上）都能让人舒服介入的微缩城市。

Who：各年龄段参观者

Where：厦门华侨大学

When：夏季、24 小时

How：

将 3m×3m 的空间视为一个微缩城市，包含有四面按不同人数设计，以人体坐卧尺寸为参照可以舒服停留的边界；有一条按亚洲地区舒适宽高比设计的以人体站立尺度为参照，可以舒服穿越的街道；有一个可以根据不同人数，不同亲疏关系进行多种方式交流的广场；

一方面，基于人体工程学的"有"（界面）使参观者可以通过亲身参与体会到"有"中生"无"（空间）的意义，另一方面基于建筑现象学的向心式的空间规划模式与中国传统以院为中心的居住空间模式相对应，使参观者在心理上完成了一次对传统生存空间的重现。方案借鉴中国传统的榫卯结构体系，采用简单可靠的插接方式实现了全部的实体建构。(图 2～图 4)

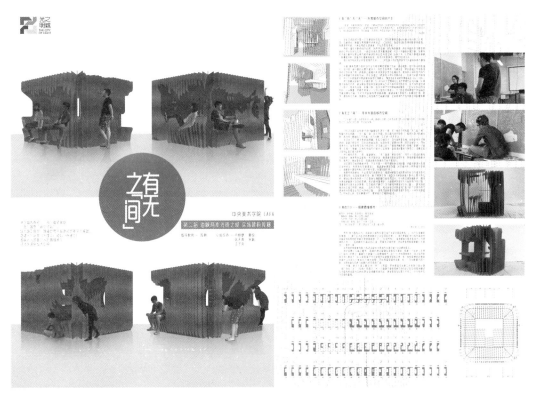

图 2　有无之间设计方案

图 3　有无之间建构过程

图 4　有无之间建构成果

3.2 榕树下

What：一个抽象化的地域公共空间

榕树下是福建地区村落空间中普遍存在的一种生活空间原型，人们在这里打水聊天、迎送亲朋、祭拜神仙，是村落居民的精神和活动中心。设计将 3m×3m 的空间视为一个抽象化的地域生活空间，创造了一个以顶底空间围合为主的可坐可憩可谈的类榕树空间。

Who：各年龄段参观者

Where：厦门华侨大学

When：夏季、24 小时

How：

从建筑地点性层面，方案以"弱围合"的姿态和具体的建造地点产生对话，通过将围合建筑的五个界面尽可能的开放，实现了与搭建现场周边的水、树、人、天之间最大化地联系；从建筑公众参与性层面，方案以人体工程学为基准，将围合建筑的界面转化为一系列可观、可坐、可卧、可穿越的不同座椅组合，满足从单人、双人到多人的独处、对谈、群聊、观望、棋牌、阅读、饮茶等多种行为需求。坐在"榕树下"，人们看到的不仅仅是风景，其本身也变成一种风景。从建筑技术层面，方案借鉴中国传统的榫卯结构体系，采用简单可靠的插接方式完成了全部的实体建构。（图 5 ～图 9）

3.3 围厝之间

What：一个抽象化的地域生活空间

土楼和闽南古厝是福建最具典型性的居住空间类型，"围厝之间"将 3×3 米的空间视为一个抽象化的地域生活空间，设计理念源于对福建土楼和闽南古厝的抽象表达、拓扑变形和拼贴叠加。

Who：各年龄段参观者

Where：厦门华侨大学

When：夏季、24 小时

How：

结合 3m×3m 的搭建场地，通过拓扑变形和拼贴叠加将方形的古厝与圆形的土楼浓缩在一起，外方的墙上充满大小空洞，大洞可穿，中洞可坐，小洞可望，塑造了与外部环境多样化的联系方式，而内圆的墙半高半低，半围半敞，形成了具有多样性的思考冥想停留空间。在方圆"之间"，在开敞与封闭"之间"，在穿越与停留"之间"，孕育了无限的可能性。传

图 5　榕树下设计方案

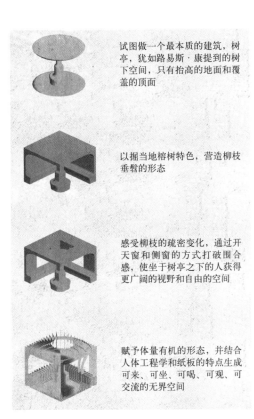

试图做一个最本质的建筑，树亭，犹如路易斯·康提到的树下空间，只有抬高的地面和覆盖的顶面

以掘当地榕树特色，营造柳枝垂髫的形态

感受柳枝的疏密变化，通过开天窗和侧窗的方式打破围合感，使坐于树亭之下的人获得更广阔的视野和自由的空间

赋予体量有机的形态，并结合人体工程学和纸板的特点生成可来、可坐、可喝、可观、可交流的无界空间

图6　榕树下方案生成分析

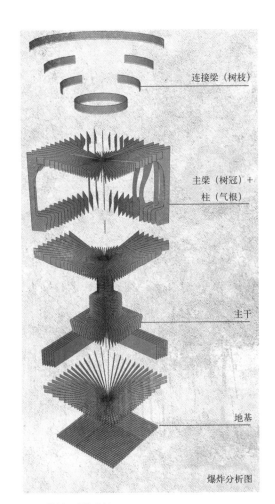

连接梁（树枝）

主梁（树冠）+
柱（气根）

主干

地基

爆炸分析图

图7　榕树下建构分析

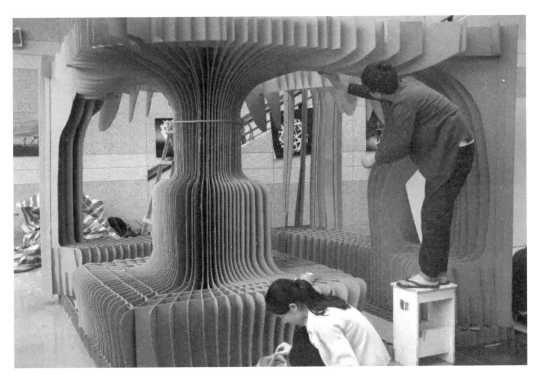

图8　榕树下搭建过程

统的"围厝"经过我们的重新演绎，不再是封闭向心的内向型防御居住空间，而成了开放辐射的外向交流空间。在技术层面，考虑到厦门多雨潮湿的气候以及尽可能少的节约建筑材料，方案借鉴中国传统的榫卯结构体系，制作了简单可靠的方形空间结构单元，并采用插接方式完成了全部的实体建构。(图10～图14)

图 9　榕树下搭建成果

图 10　围厝之间设计方案

图 11　围厝之间方案生成分析

图 12　围厝之间建构分析

图 13　围厝之间搭建过程

图14 围厝之间搭建成果

4. 结语

  将建构课程贯穿高低年级的建筑设计教学，并在教学过程中运用基于"微建筑"创作理念的建构教育方法，是对我国"布扎"式传统建筑教育模式和仅将建构课程限定于低年级设计基础课程的双重反思。它既可以帮助学生尽早地树立全面的建筑设计观，更好地实现从"技艺分离"到"技艺一体"的思维转变，又可以借助建造的学习过程具有强烈的实践性、实验性、综合性和团队性等特点，更有效地调动学习者的主动性和积极性，使过去"要我学""灌输式"的被动式教学模式转变为"我要学""做中学"的主动式学习模式。我们希望对学生而言，今后的每一次设计都成为一次真实的建构。

参考文献：

[1] 顾大庆.中国的"布扎"建筑教育之历史沿革——移植、本土化和抵抗.《建筑师》.中国建筑工业出版社，第126期。
[2] 肯尼斯·弗兰姆普敦 著，王骏阳 译，《建构文化研究》，北京，中国建筑工业出版社，2007.
[3] 罗贝尔 著，成寒 译，《静谧与光明：路易·康的建筑精神》，北京，清华大学出版社，2010.
[4] 石铁矛、李志明 编，《约翰·波特曼》，北京，中国建筑工业出版社，2003.
[5] 斯蒂芬·霍尔 著，符济湘 译，《锚》，天津，天津大学出版社，2010.

图片来源：

图1：基于"微建筑"创作理念的建构图示，作者自绘
图2：有无之间设计方案，设计人：张天禹、王子尧、卢焯健、宋颖、夏悦
图3：有无之间建构过程，作者自摄
图4：有无之间建构成果，作者自摄
图5：榕树下设计方案，设计人：刘琪睿、王浩坤、江衍璋、郭宇飞、刘明希、李亚锦
图6：榕树下方案生成分析，同图5
图7：榕树下建构分析，同图5
图8：榕树下搭建过程，作者自摄
图9：榕树下搭建成果，作者自摄
图10：围厝之间设计方案，设计人：陈煌杰、叶玉欣、金伟琦、敖嘉欣、黄雨曼、房潇
图11：围厝之间方案生成分析，同图10
图12：围厝之间建构分析，同图10
图13：围厝之间搭建过程，作者自摄
图14：围厝之间搭建成果，作者自摄

作者：苏勇，中央美术学院建筑学院，副教授，硕士生导师

行为导向下的居住建筑与住区营造教学研究

徐皓

Teaching Research in Behavior-oriented Residential Building design and Settlements Planing

■摘要：人类行为学的概念自 19 世纪末被提出之后被广泛地运用于相关的交叉学科。在建筑及规划设计领域中，人类行为学研究关注人类行为与环境之间的相互关系并被视为实现空间设计"人性化"的重要途径之一。本文探讨的正是如何借助行为学研究提高学生空间操作技能及设计推导能力的教学方法。以昆明理工大学建筑学三年级"行为导向下的居住建筑与住区营造教学研究"分别对教学理论出发点、方法、实施进行了阐释，并希望由此将教学逐步地从单纯关注空间设计向空间社会同构的方向推进。

■关键词：行为导向　居住空间　个体　家庭　邻里　社区　设计思路

Abstract：The concept of human Praxeology has been proposed in the end of the 19th century．Since then its development has been benefiting from being "practiced" in many other fields and meanwhile also opened a broad perspective for interdisciplinary related disciplines．In architecture design and planning，the study which focus on the interaction between human behaviour and environment is regarded as important approach to achieve the goal of "humanisation" in design．In this paper we explored how behavioural study can be better applied in space design education．Taking "the behavior—oriented residential buildings and settlements planning" the third grade of architectural design teaching in Kunming University of Science and Technology as an example，we explained how the teaching has been planned to improve the design ability form design skill training to mind development．

Key words：Behavior-oriented；living space；individual；family；neighborhood；community；design thinking

一、将"行为"作为居住空间设计教学的出发点

人类行为学（praxeclogy）是以人与环境间相互影响的反应表现为"行为"作为研究对象

的科学，被广地运用于不同的专业学科。[1] 在空间研究领域（建筑学、规划等学科），人类行为学的研究关注"行为－空间"之间的相互关系，将"人类行为（包括经验、行为）与其相应的环境（包括物质的、社会的和文化的）两者之间的相互关系与相互作用结合加以分析"的科学[2]。

图1　原始"棚屋"

行为与空间的相互关系是环境行为学（Environmental Behaviorology）研究的核心内容。其中"居住行为"作为基本行为是人类生存本能应对环境的表现。不同文化类型下的原始居住形态可以被看作是人类早期对生存环境做出的能动反应结果，简单形态提供了生存基本的遮蔽保障。然而正是这样的简单构筑的事实却让建筑史学家弗兰普顿清楚地看到，构筑活动所赋予建筑的"建构学"（tectonic）形式表达意义，认为承载了"住"基本功能的"棚屋"解释了建筑形态产生的真实原因。（图1）

居住建筑的重要性在德国存在主义哲学家海德格尔那里得到了更充分的阐释。他认为"建筑的本性的贯彻是通过地方间的构成的地方的建立。只有当我们能够居住的话，我们才能建筑。[3]"居住（das Whonen）是人存在的基本特征，居住与建筑是同一性的，这是海德格尔"诗意居住"论断的基础。首先人只有能够居住，他才能建筑。居住行为是建筑行为发生的内在机制，"让居住"被视为建筑之所以被称为建筑的基本命题——存在的基本特征。"于是它不仅规定了建筑，而且也规定了思想，因为居住是值得思考的，它作为存在给予去思考。"[4]

作为经典课程设计"居住建筑"在中国众多高校本科建筑学教育中受到长期的重视。在昆明理工大学这个课题已经延续了近30年的时间。近期，2013年教学组对原教案进行了大幅度的编改，致力于通过挖掘"居住行为"与"空间需求"之间的深层关系，特别是通过强化"行为－空间"的逻辑推导来提高学生空间形态创作能力以培养其良好的职业思维习惯。针对设计市场的套路问题，教学组希望从原理上即行为导向的空间推导，回归建筑学教育的真意。我们的目标是塑造思维践行的设计师而不是单纯的绘图技术员。

二、行为导向下的居住建筑与住区营造的教学设计

人类行为学虽然在表面上看似关注人外在的行为，但实际上行为的发生无时无刻不受到人心理的影响，究其根本，因为行为环境学与环境心理学关系紧密，当然二者也有细微的差别[5]。教学对于行为机制的心理解析以马斯洛的需求金字塔体系为参照，架构了整体的教学结构，结合具体的专业知识点传授部署了教学内容和对应的过程步骤，提出了从"行为分析"到"空间逻辑"过程"技术表现"的评价标准，另外还特别从教育心理的角度考虑了一套适合受众学生群体的思维引导方案。下面分别从这四个方面进行详细阐述。

（一）以"需求层级"为基础的"分层"架构：个体、家庭、邻里、社区

将需求层级与课程设计要求所涉及的空间大小尺度对应起来是教案成功设计的关键。就需求层级单方面来说，居住需求跨越了与生存相关的"基本需求"和处于高阶段的"社会需求"和"自我实现的需求"[6]。但是从专业训练难度跨越上考虑教案内容部署则偏重于在基本需求拓展至社会需求这样的层次区间展开。具体做法是将空间按尺度大小对应到与相关的社会性关系中，并以关键词的方式依次提出四个命题："个体""家庭""邻里"和"社区"。它们分别从属于环境行为学理论提出的微观、中观和宏观三个研究层次。（图2）

其中，"个体"和"家庭"在本课题中被作为微观空间（microspace，又称为微观环境）来考察。微观环境指"个人空间为机体占有的围绕着自己身体周围的一个无形空间……"[7]作为最私密的空间层级，个人空间首先在"家庭"这样的空间尺度氛围里得以扩大。家庭是由个体成员组合而成的内部"社会性"[8]单元，相对于外部社会性环境属于微观空间，同样具有较高的私密性；中观空间（mesospace）又称中观环境，"是比个人空间范围更大的空间"[9]。人类作为具有社会性的群居动物首先表现为对"交往"有需求。在近距离的范围内"邻里"无疑是具有"外部社会性"特征并与日常生活行为最为密切的圈层。在这个区域里家庭活动

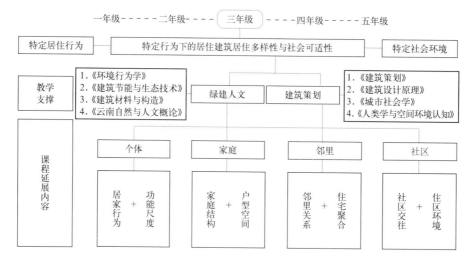

图2 从"个体""家庭""邻里"到"社区"的分层式教学架构

向外延伸同时邻里间的接触和互动也频频发生,因而具有相对私密和相对公共的双重特征。比较而言,"社区"在本课题中被作为宏观环境(marcospace)[10]来考察,结合住区规划用地范围被具体定义为居住地块内和周边的空间环境,在这里社会交往的圈层再次扩大,具有相对最高的公共属性。

围绕着居住这个主题,"个体""家庭""邻里"和"社区"四个具有社会学尺度的命题在行为学与空间研究之间架起了一道桥梁,也由此建构出了适用于空间设计教学的清晰结构。四层级的内容部署对于四个级的教学要点:在"个体"层面上,教学对学生提出了从居住行为角度把握居室基本功能和尺度的要求;对应"家庭"层面,教学提出了依据家庭结构和成员需求来设计户型空间的阶段性目标;对应"邻里"层面,合理架构邻里关系成为寻求适宜空间技术策略的出发点;对应"社区"层面,营造住区整体环境成了建筑空间群体组合的指导原则。

(二)从"行为分析"到"空间逻辑"及其"形式表达"

居住行为系统要素研究在本课题中包括以下三个方面:一、居住行为主体,指居住空间的使用者或居住空间的服务对象;二、主体的行为需求,指使用者对居住空间机能和心理方面的要求;三、应对行为需求的空间策略。这个部分是空间设计教学的核心内容,但却是建立在前面行为认知研究的基础之上的,从"行为分析"到"空间逻辑"专业教育过程——"行为需求导向下"的空间设计技术运用和技能拓展。

"需求综合分析"是教学起步阶段调研环节的主要内容。虽然学生对居住行为的认识客观上并不是一无所知,但是往往缺乏下意识的分析和比较。所以行为认知的首要目标即为引导学生在对个体行为展开研究之后,区分特殊和普遍性行为并明确二者之间关系。普遍性行为指相似人群共同的行为习惯特征,又可称为行为模式(behavior pattern)。此外,教学还需引入两个概念:外显行为(overt action)和内显行为(inner action)。外显行为即行为的显性表达,它容易被观察到;内显行为是行为的心理动机(motivation),是外显行为"事实发生的内在原因"[11]。因此对这类非显性的行为需要通过分析来澄清其实质所对应的潜在需求。由于往往受到客观条件的制约,潜在需求虽然一时无法转化为空间现实,但却能更多地以愿景的方式表达出行为主体对未来居住的诉求。对此,教学研究也有必要做出回应,探索应对未来居住需求发展的空间对策。

"行为需求导向下"的空间设计技术运用和技能拓展是教学过程的主干,也就是空间形式表达。如果说"需求综合分析"解决了"做什么"的问题,建筑空间需要满足什么样的需求,承载什么样的生活方式;那么"空间形式表达"接下来将会回答"如何做"的问题。而此时设计面临一个重要的语言转换的问题,我们称之为"技术呈现",即如何将"空间需求"恰当地呈现为可感知的某种空间状态,由此教学提出了"适宜技术"的要求:居住需求所呈现出的空间形式逻辑,内在由主体需求主导,但同时也受到外在变量如时代特征、文化属性、地域条件、经济能力、技术方案等因素的影响,因此恰当的形式表达指居住行为主体诉求在特定时空背景下通过可支配技术转化为现实的空间表达。

（三）行为认知与空间设计同步深化的过程

居住行为模式研究对于设计课程的展开具有两个方面的重大意义：第一，确定居住建筑设计所针对的主要对象人群；第二，以此为依据，为后面"行为－空间推导"的开始提供起步条件。本文在接下来的小节里，将分别对照过程导览图（图3）中涉及的分步内容进行简要的说明。

1．行为认知：行为引导下的空间需求

借助学生已有的生活体验，展开从"我"出发的对"他人的行为需求"认知调研。以一到两种不同年龄群体或家庭组合为研究对象，例如：老年、青年、主体家庭等。研究包括对象主体的自然属性（性别、年龄），群体属性（家庭结构、家庭人数），社会属性（职业、收入、信仰等）等方面的内容。在调研的基础上，比较总结相似人群的行为模式，辨析个体差异和总结普遍特征。思考哪些已知的空间手段（尺度、形态、比例、材料、颜色等）有助于对象群体居住行为需求的实现，同时空间又传达着什么样的信息反过来影响人的行为。

2．户型设计：需求导向下的空间功能组织

户型设计是一个以家庭为单位的小群体空间设计，涉及多个"个体"即家庭成员。但是户型单元的设计并不是简单的个体空间叠加。户型的设计需要根据家庭结构和成员需求特点加以分析（涉及家庭成员性别、年龄、职业、收入、信仰等方面的内容），之后通过户型空间设计对策来加以解答，合理进行功能分区，组织交通流线，明确家庭公共空间的位置和尺度等。

3．邻里架构：邻里关系的疏导与户型组合的可能性探讨

邻里交往需求具有很强的选择性，邻里间的交往在很大程度上由心理需求所决定。为了减少邻里交往的负面空间，设计者需要寻根溯源首先考虑如何架构一个更加合理的邻里关系。邻里关系由一系列因素组成：首先是内容，指邻里间是否有共同利益相关的话题、兴趣爱好、需求帮助，内容构成了邻里之间交往的重要动机；其次，交往的优先程度：邻里间社会关系的远近，是否存在亲戚关系，例如子女家庭与父母家庭的关系；第三，接触频率，增加主动交往的动机因素，减少被动式交往。[12] 根据上面的理论总结，教学在这个环节里特别鼓励和倡导将交通空间（往往是被动交往空间）转化为令人愉悦的促进交往的积极空间。

4．居住建筑：不同居住主体户型的组合和聚集空间形态

从空间构成的角度来说，居住建筑由户型空间组合而成，同时在这一过程中建筑内部

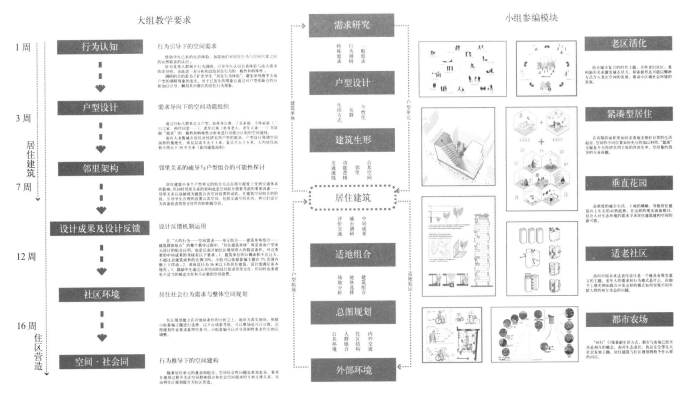

图3　教学过程导览

也构筑出由"聚居"而形成的小社会。在邻里关系架构的基础上，建筑内部空间组合一方面需要延续同样的思考，同时也需要更多地从经济客观因素对形态构成的影响角度展开论证。家庭的经济支付能力在很大程度上决定了他们对居住空间的面积等居住需求的实现。"经济、利益这只看不见的手，操控影响着人们的居住行为。"[13] 在这个阶段，集约化设计、住宅生命周期、支撑体系等方面的知识，将通过案例分析的方式被用来拓展学生的设计技能。

5. 社区环境：居住社会行为需求与居住环境营造

居住社区是城市空间建构的基本单位，是一个建立在地缘关系基础上的社会成员群体结合而成的居住共同体单元。在这个尺度下，行为需求主要体现为居住者对住区公共环境、社区安全、户外活动场所、交往体验等方面的要求。这些内容需要学生通过住区规划，制定合理的组合空间结构，规划道路交通，有效组织绿地系统等过程来加以解答。其中，公共空间的塑造无疑是一个焦点问题。为实现公共空间的高效使用，需要设计者从使用主体的行为需求的角度，例如空间的主要使用群体是老人还是小孩，来规划其内容和形式。

6. 空间·社会同构：行为推导下的设计意识提升

随着居住单元的叠加和组合，空间社会性问题也越来越清晰被呈现出来，这是课题通过全过程的疏导最终走向了理论思考的总结，同时预示着全新的思考角度的建立：空间设计

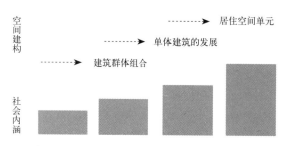

图4 空间与社会同构的教学图示

并非一个专业技巧支撑下的物理空间操作，而是一个与使用者在不同层级社区圈层维度下心理特征相符合的社会空间的建构——空间与社会的同构是社区营造的终极目标。（图4）

三、配合行为导向空间设计教学的心智引导

为配合空间与社会同构的这样复杂难题的理论疏导，教学组采用了以"我"为出发向外围概念透散的引导方法。将个体对空间的需求作为起点，以逐层深入的方法去呈现：居住行为——人类聚居的社会性现象。"我"被作为认识居住社会性问题的起始。"我的居住体验"是认识"行为需求"的起点。通过我作为"个体"的行为需求来区分他人的需求并包容彼此的差异，由此扩散到"家庭"再到"邻里"居住需求层次级别的研究，继而去把握"社区"这样更大的、更复杂的居住共同体生活空间。这样的引导思路实际上与爱德华·霍尔所架构的"空间关系学"（proxemics）的基础是一致的。他认为，人对个人空间需求几乎就是天性的，"如果不是天性，也是植根于过去人类的生物性。"[14] [15]

此外，这样以"我"为起点的扩散引导可以避免理论教学的枯燥乏味，以"对话"方式展开教学，在教授与被教授者之间形成一种平等讨论氛围，学生完全可以凭借已有的生活经验从一开始以知情者的身份参与话题并延伸讨论，而非单纯地处于"被教育"的地位，借此激发他们更多主动思考的热情；而教学实际上是有计划地、一步一步地逐层引导学生探索社

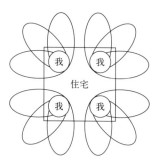

图5 由"我"而发的教学引导

区与空间同构这样的复杂问题，并理解这一理论的意义：居住空间是居住社会性现象的呈现，同时又可以借助空间的方法通过对人的行为影响来改变社会，二者相互影响互为因果。(图5)

四、经验分享：通过"进阶循环"加强思维整体化训练

行为导向是昆明理工大学建筑学三年级居住建筑与住区营造课程设计教学的主导思想，即以行为研究为主线，将居住建筑与住区营造穿连为一个时长16周的贯通课程，其中涉及一系列针对学生设计能力提高的逻辑思维强化训练。根据环境行为学的原理，"行为"在课题中被作为空间形态推导的逻辑起点，围绕着"个人""家庭""邻里"和"社区"四个层面，以"分段式，重整体"的方式推进教学，包括从户型设计、居住建筑，到住区规划的全过程。在这个过程中"进阶循环"的教学方法被用来加强阶段成果间的联系，让教学能更充分地发挥在提升学生设计思维"整体化"训练方面的作用。

设计思维的发展并非一条直线——建筑设计方法论在经历两个时期的发展之后[16]，达成了这一共识。建筑设计方法论（Design Methodology）开始于20世纪60年代[17]。在现代理性哲学系统论、信息论学科发展的鼓舞下，一批建筑设计理论家试图打开设计思维过程的黑匣子，设想建筑设计的思维可以成为可控的设计过程。尽管这一愿望并没有被完全实现，但是对设计思维的研究对于教学的设计是具有极大启发作用的。

"反馈机制"原理是1963年第一代建筑设计方法论的代表人物L.阿丘（1922—）在《过程模式提议》（L.Bruce.Archer 1963；Proposed Process Model）一文中以图解方式展示的设计思维的发展历程。在"反馈机制"作用下，前阶段结果作为后阶段条件代入设计程序，设计发展是一个反复循环的非直线发展的过程。(图6)

尽管从教学进度管理角度上往往需要按纵向的时间轴安排教学，但这也容易被依葫芦画瓢地实施为将一个跨越16周的整体思维训练分裂为居住建筑设计和住区规划两个似乎关联又实际缺乏关联必要的前后过程。这实际上是犯了将空间设计教学视为无个体差别的统一教学和公式化教学的错误。经过五年的实践总结，教学组在以居住建筑成果如何运用到住区规划为例，在"居住建筑"过渡到"住区规划"之间增入一个被称为"适地组合"的环节（如图5所示），强调设计检验和回到前步的修改是"反馈机制"原理的正常过程。当把居住建筑设计阶段的成果作为预设条件带入场地规划，检验它适应场地的情况并返回前步甚至于更前的户型设计里来优化整体设计。(图7)

五、教学总结与未来展望

出于教学的需要，教学设计采用了分层式的架构，设计过程按照时间轴的发展分为几个步骤来部署，总体上涵盖了从居住户型到居住建筑，再到住区规划的教学阶段。也正因为

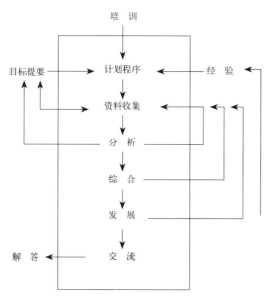

图6 L.阿丘模型：反馈机制原理

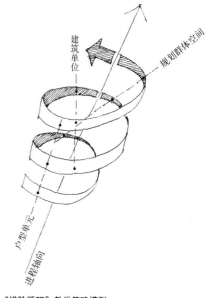

图7 "进阶循环"教学策略模型

如此，在教学实践的初期，教学是否可以"采用先建筑再规划"的方式展开，成为教学组争论的焦点而被提出，一般认为"先小后大"的逆向做法违背了"先宏观后具体"的整体思路。当然后一种看法是一种广泛适用的立场，但教学组更加主张以问题"切入式"方法引领从居住建筑设计推及住区规划的教学全程，加强学生在这个研究设计过程的"探索"体验，从而改变居住区规划课题逐渐在建筑学教育中可有可无的"鸡肋"处境。为此，教学组在实践过程中不断总结，辅以"进阶循环"的教学方法来承接教学加强阶段成果的前后关系。通过近五年的实践表明，这一方法对保障教案执行的效果具有重大的意义。

"居住"是将行为学与空间设计结合起来的一个非常有意义的主题，通过居住空间设计的训练可以极大地提高学生综合考察和解决问题（文化的、经济的、技术的）的能力。同时我们也应该对把设计院方法用来直接教学的简单操作进行反思。特别是居住区规划，按照市场做法，"户型"在教学过程中被视为已有的条件，因此居住建筑设计变成了户型修改，居住区规划教学更被简化为了"排排房子，图图绿化"的总图设计。如此，居住这个课题将真的成为设计教学中的一块"弃之可惜，食而无味"的鸡肋，发挥不出拓展学生设计思维本该起到的真正作用。

最后展望未来，居住是一个随时代不断动态变化的主题，也正由于这个特点让围绕着居住的构想充满了活力。结合建筑学教育与科研团队建设相互支撑的发展趋势，教学组提出了"小组参编"构想（图3）。通过小组参编将教师个人研究倾向与课题主干相互结合，提出参编主题，如适老化设计、垂直花园、城市农庄等。在主题领选方式上可以考虑与科研团队申报参编主题的方式展开。关于这个构想，目前只是一个粗略方案，需要进一步论证。

（基金项目：国家地区基金，项目编号：51668024，缔约共造——以滇中为重点案例调研区域的中国城市老旧社区再生发展模式研究，2017/01—2020/12 ，主持投稿论文题目《行为导向下的居住建筑与住区营造教学研究》）

注释：

[1] 人类行为学 (Praxeology) 是一种研究人类行为的学科，以人对于环境及他人有所反应而表现出来的行为为研究对象。1890 年阿尔菲德·俄斯庇纳斯 (Alfred Espinas) 首先提出这个概念，并在其之后通过奥地利经济学派重要代表人物路德维希·冯·米塞 (Ludwig Heinrich Edler von Mises) 研究推动下得到实质的发展。

[2] 李道增．环境行为学概论 [M]. 北京：清华大学出版社，1999,1.

[3] 彭富春.Das Nichten des Nichts[M]. Europ ische Verlag der Wissenschaften,Frankfurt am Main,1997. 彭富春．无之无化 [M]. 上海：上海三联书店，2000：P174.

[4] 同上。

[5] 环境行为学对外显行为的关注构成了它与环境心理学的区别。李道增．环境行为学概论 [M]. 北京：清华大学出版社，1999,1.

[6] 马斯洛 (Maslow, A.H.) 需求层次理论 (Maslow's hierarchy of needs) 将人类心理发展分为五个层次，即：生理、安全、社交、自我实现与自我超越。生理的需要 (physiological needs)，是最低级别需要，例如人对维持其生命的食物、水、空气、睡眠的需求；安全需要 (safety needs)，也属于较低层次，包括对人身自身安全、生活稳定、健康以持有保障性财产等与自身安全感有关的事宜。社交需要 (Love and belonging needs)，属于较高层的需要，是人类对友谊、爱情等社会交往关系的需求；尊重需要 (esteem needs)，属于较高层的需要，成就、名声、地位和晋升机会等。自我实现需要 (need for self-actualization)，是最高层的需要，包括人生理想价值实现的需求。

[7] 李道增．环境行为学概论 [M]. 北京：清华大学出版社，1999,25.

[8] 艾略特·阿隆森 (Elliot Aronson, 1932—)，是一位美国心理学家，对社会心理学和教育心理学的贡献卓著，尤其是由他撰写的社会心理学是标准教科书，是关于认知失调以及集体智力教育的研究。在《社会性动物》一书中 (E. Aronson：The Social Animal. Palgrave Macmillan, 11. Auflage 2011)，艾略特·阿隆森试图通过对动物社会性的研究来揭示人类"社会性"的概念的意义。提出了社会影响 (social influence) 的概念以及由此展开的社会心理学的案例研究。社会性是社会性动物的意识的表现，它使社会内部个体的生存能力远远超过脱离社会的个体的生存能力，包括利他性、协作性、依赖性，以及更加高级的自觉性等特征。

[9] 李道增：1999,25.

[10] 李道增：1999,25.

[11] 环境行为学对外显行为的关注构成了它与环境心理学的区别。李道增．环境行为学概论 [M]. 北京：清华大学出版社，1999：1.

[12] 参考 Leller 于 1968 年在《城市邻里》一书中对邻里住户活动所作的五点总结。见:李道增．环境行为学概论 [M]. 北京：清华大学出版社，1999,45.

[13] 夏业良．考察人类行为与心理的演化分析．经济学动态 .2002，(12)：59 ~ 62.

[14] 转自：李道增．环境行为学概论 [M]. 北京：清华大学出版社，1999,25.

[15] 爱德华·霍尔（Edward Twitchell Hall, Jr. 1914—2009），美国人类学家和跨文化研究者，在探索文化和社会凝聚力的过程中，描述人们如何在不同类型的文化界定的个人空间中的行为和反应，提出了空间关系学(proxemics) 概念。Rogers, Everett M. (2000). "The Extensions of Men: The Correspondence of Marshall McLuhan and Edward T.Hall." Mass Communication and Society, 3(1): 117—135.

[16] 现代建筑设计方法论的发展分为两个阶段：第一代和第二代。第一代方法论的总体认识特征"分析—综合—评价"，第二代方法论即"假设—分析—综合—评价"。二者主要区别在于"假设"作为预设条件上认识的不同。见：昆明理工大学建筑与城市规划学院王冬教授《建筑设计夫妇俩雨建筑创作》2013 课件。

[17] "1962 伦敦设计方法讨论会是一个开始。"汪坦．现代建筑设计方法论．世界建筑．1980．NO.2，P3 － P5．P3．

参考文献：

[1] ［美］罗伯特·E.帕克等．城市：有关城市环境中人类行为研究的建议 [M]．北京：商务印务馆．2016．

[2] 李道增．环境行为学概论 [M]．北京：清华大学出版社．

[3] 沈克宁．有关设计方法论研究的介绍 [J]．建筑学报．1980．NO.3．64—66．

[4] 沈克宁．从方法论谈建筑理论的演变．华中建筑．1992．VOL.10．NO.2．P1—5．

[5] 沈克宁．设计方法论并非设计方法 [J]．华中建筑．1996 ．VOL.14．NO.2．；44—46．

[6] 汪坦．现代建筑设计方法论 [J]．世界建筑．1980．NO.2．；3 － P5．

[7] 增田奏．住宅设计解剖书 [M]．台湾：旗标出版股份有限公司．2010．

[8] Rogers, Everett M. (2000). The Extensions of Men: The Correspondence of Marshall McLuhan and Edward T. Hall[A]. Mass Communication and Society[c]. 3(1): 117—135.

[9] 张钦楠．建筑设计方法论 [M]．西安：陕西科学技术出版社：1998．

[10] Fuchun Peng,Das Nichten des Nichts[M]. Europäische Verlag der Wissenschaften, Frankfurt am Main,1998.

[11] 彭富春．无之无化 [M]．上海：上海三联书店．2000．

图片来源：

图1：课程内容框架 图源：Kenneth Frampton. Edited by John Cava. Studies in Tectonic culture: The Poetics of Construction in Nineteenth and Twentieth Century Architecture. Cambridge. Mass Mit press: 1995. P.31 Fig2.1 the primitive hut. Frontispiece from the second edition Abbé Laugier's Essai l'atchitecture, engraved by Ch. Eisen, 1755.

图2：从"个体""家庭""邻里"到"社区"的分层式教学架构

图3：教学过程导览，作者自绘

图4：空间与社会同构的教学图示，作者自绘

图5：由"我"而发的教学引导，作者以线条图方式重绘，原图：增田奏．住宅设计解剖书．台湾：旗标出版股份有限公司．2010．；175．

图6：L.阿丘模型：反馈机制原理．汪坦．现代建筑设计方法论．世界建筑．1980 年 2 期．P3—P5．

图7："进阶循环"教学策略模型，作者选图编绘

作者：徐皓，昆明理工大学建筑与城市规划学院讲师，硕士研究生导师

向史而新·寻脉而行

——既有建筑改造教学改革

连海涛　李高梅　王晓健

Evidence-based Design, Building Bridge Between History and Future —— Teaching Study on Rebuilding of Historical Factory Hall

■摘要：针对传统课程教学中存在的问题，以《旧厂房改造——大学生活动中心设计》为例阐述河北工程大学建筑学三年级课程教学改革思路，其植入"向史而新·寻脉而行"设计理念；增加自主策划任务书环节；强调空间叙事性表达；注重既有与新增关系梳理；丰富评价方式。多年教学实践发现：课改激发了学生建筑设计学习的兴趣；增强其设计的人本意识；提高其设计的逻辑思维能力。

■关键词：任务书策划　叙事性表达　既有与新增关系　评价方式多样性

Abstract：In view of the problems on traditional teaching of architecture design，Taking "rebuilding of historical factory hall" as an example，the paper proposed a pedagogic study scheme on the third year's architecture design course in Hebei University of Engineering，Below are four aspects about the pedagogic study，such as implanting the design concept of "evidence—based design，building bridge between history and future"，adding a new teaching unit of drawing up task document，emphasizing the importance of storyboard of spaces' design，paying more attention to the existing—new relationship and enriching review methods. The research results of several years suggests that interest on architecture design has been instigated. And humanistic consciousness of its design has been strengthened. Meanwhile logical thinking ability of its design has been improved.

Key words：Drawing up Tasking Document；Storyboard of Spaces Design；New—Existing Relationship；Various Review Methods

1 前言

随着社会经济的发展，建筑设计市场已经由增量转为存量[1]。既有建筑改造的方案设计教学应侧重学生哪方面的能力培养？既有建筑的改造须赋予其场所精神，场所精神的赋予既要探究锚固场地的物质存留，又要剖析游离场地的诗意呈现[2]。如何梳理既有与新增关系？设计过程应贯彻"向史而新·寻脉而行"的理念。向史而新——在尊重既有建筑历史的前提下创造当下的语境，强调既有与新增的对比。例如张鹏举在进行铸造车间改造时，对旧车间的大跨混凝土梁与通风井口予以保留，留住特定的历史记忆。钢构件的大量使用与黏土砖的反复出现，又让建筑学子在其中体验历经沧桑的"新"建筑[3]。寻脉而行——在进行更新改造时，注重对历史脉络的传承，强调新增与既有的联系。例如章明在杨浦滨江公共空间更新实践中对原有渔市货运通道和防洪闸门予以保留，即为对原有场所物质存留的锚固。有限度介入的钢廊架、钢栈道与"工业之舟"，轻轻游离于既有环境之上，又依然保持同既有环境的关联[4]。除此之外，存在任务书理解中缺乏服务用户意识，空间设计中缺乏对其中行为活动的考虑，旧改类设计中既有与新增关系不明确以及学生作业评价方式单一等诸多问题。基于以上问题提出教学改革的具体方案。

2 课题设置

教学目的为注重任务书自主设计，营造更切合使用群体需求的功能空间；强化空间体验与叙事性表达的建筑设计方法，设计更具活力的空间；明确既有与新增的关系，彰显建筑历史剖面；丰富评价方式，给予学生多角度、多方面的建议；提高学生的自主参与性，激发其设计热情。

"既有建筑改造"设计课程是建筑设计的重要组成部分，在城市更新的背景下，既有建筑不能满足时代发展需要，建筑改造成为主要发展趋势，"既有建筑改造"课程在教学中愈加重要。课题设置包括任务书策划、强调空间叙事性表达、梳理既有与新增关系与评价方式多样性四个方面（表1）。

2.1 任务书策划

与以往的既定任务书不同，任务书策划是学生在通过实地调研、问卷调查与深度访谈后，经过分析判断最终形成分析报告（表1—任务书策划）。通过对任务书设计的主动参与，学生可以更好地了解大学生活动中心使用人群的行为特性，从而设计出以人为本且富有趣味性的空间，采用自下而上的方式策划设计任务书。

2.2 空间设计

既有建筑改造空间设计包含两个方面：功能置换与空间重组。功能置换就是将工业厂房功能置换为通过调研获取适用于大学生群体的活动中心功能。空间重组包括空间改造、扩建与加建。在此过程中强调空间的叙事性表达，将物理空间转换为场景空间，即功能为基于空间的叙事性表达，对场所记忆进行诠释。基于学生的空间体验与互动，构建工作学习事件与场景，营造更鲜活的空间。同一空间不同场景表达不同叙事性，提高空间的适应性与可变性。

2.3 梳理既有与新增的关系

既有建筑改造分为改造部分和加建部分，加建部分因与原有建筑位置的邻近关系分为扩建和新建。扩建是在既有建筑结构的基础之上或与之密切相关的空间范围内进行改造。新建是独立于既有建筑之外加建部分空间。《威尼斯宪章》要求文保建筑"新加建部分要有明显的可识别性"，旨在避免历史信息混乱，强调其时间维度。可识别性既要体现新增部分的区别，又要兼顾整体协调性，彰显"向史而新·寻脉而行"的设计理念。

基于识别性与协调性设计原则，充分考虑学生设计逻辑性培养，教学过程的开展分为三个阶段：问题导向、合理性评价优化与材料统一性完善。

学生以问题研究为导向展开设计，基于环境、视线、功能、热工等因素，决定改造位置与方式。例如：改造的案例。学生将厂房中间部分挖出，植入景观形成庭院，改善室内空间的通风与采光性能，提高其环境的热舒适性（图1左）。

教师以合理性为原则进行评价，主要考虑以下四个方面：结构与构造、功能与流线、场地与环境、空间与材料。例如：结构与构造方面的案例。学生考虑结构的合理性，计算原有排架结构屋顶荷载，故新增部分须设置独立的承重结构体系（图1中）。

学生以材料统一性为依托进行完善，考虑材料选择方式。在选择材料时，向史而新——加强新增与既有材料对比与巧妙地使用现代材料。寻脉而行——有限度介入新兴材料。例如：教师向学生推荐新兴材料——反光铝板。SANNA在进行卢浮宫朗斯分馆设计时，反光铝板与玻璃就像一个镜面，将建筑物与周边环境连接起来，反射的效果仿佛是吸收了整个建筑的重力而使其蒸发掉（图1右）。

主题 \ 组成	课程组成	课程目的	教学过程	课程评价	案例
既有建筑改造——大学生活动中心设计	**任务书策划** A.讲解："任务书"的内容与设计方法；调查问卷方法	培养学生设计的用户意识	公共课		 既定任务书 用户需求
	B.实践：对用户需求进行调研；①调查问卷法；②访谈法	培养学生的主动参与意识	1. 问卷 问卷设计方法； 问卷发放对象： ①本专业学生；②外专业学生；③教务人员； 问卷发放途径： ①实地发放；②网络发放 2. 深度访谈 对学生代表、教师代表进行访谈	评价标准 ①逻辑性与文字概括能力（50%） ②任务书设计合理性（25%） ③任务书表达（25%） 评价方式 授课教师讲评	
	C.表达：调研分析报告；任务书	提升逻辑组织能力；文字表达能力；语言表达能力	通过PPT，以分析报告形式表达场地分析和任务书		
	空间叙事性表达 A.讲解：空间叙事性的内涵及其设计方法；叙事性空间案例解读与分析	理解叙事性空间概念及其设计方法	公共课		 物质空间
	B.实践：基于用户需求，设计叙事性空间及其行为活动	培养学生空间行为体验的意识	将用户需求设计为活动场景；将活动场景设计为叙事性空间；对空间与流线进行组织	评价标准 ①逻辑性（25%） ②空间丰富性（25%） ③空间行为活动表达（25%） ④各空间行为的组织（25%） 评价方式 ①授课教师讲评 ②学生朋友圈投票评选优秀作品	 行为场所
	C.表达：将叙事性空间以草图、虚拟现实融合图像（Photomontage）与动画页面（SketchUp页面）的方式进行呈现	提升学生空间认知的深度	授课教师对每个学生设计的叙事性空间进行集中讲评，并进行分析，加强学生理解		
	场地设计 A.讲解：场地与环境关系、环境设计要求与场地设计方法	理解场地分析要素及场地设计方法	公共课		
	B.实践：基于场地与周围环境关系，分析入口、古树、日照间距等场地要素，做场地设计分析图	使学生更合理组织各要素之间的关系，充分发挥土地利用率	对场地要素（入口、古树、日照间距等）进行分析；基于分析图进行场地设计	评价标准 ①建筑与场地协调性（20%） ②场地气候条件分析（20%） ③场地行为分析（20%） ④场地古树分析（20%） ⑤场地环境分析（20%） 评价方式 授课教师讲评	 场地分析
	C.表达：场地设计图纸与模型；分析图图纸	提高模型制作能力、图面表达能力	对学生的手绘图、模型进行集中讲评，学生进一步修改		

主题＼组成		课程组成	课程目的	教学过程	课程评价		案例
既有建筑改造——大学生活动中心设计	空间功能与材料建构	A.讲解：基于既有建筑的保留与改造，处理既有与新增关系的方法	梳理既有与新增的关系	公共课			
	梳理既有与新增的关系	B.实践：基于既有建筑保留与改造进行方案设计，进行对比分析	强调空间体验的建筑设计方法	空间切割：4课时进行空间设计，授课教师进行一对一辅导	评价标准 ①功能分区设置（25%） ②新增部分与原有部分关系（25%） ③锚固原有文化（25%） ④游离既有场地（25%）	评价方式 授课教师讲评	
				材料选择：4课时进行基于明显可识别性的材料选择，授课教师进行一对一辅导			
				建构方式：多种建构方式并行，授课教师进行一对一辅导			既有与新增结构
		C.表达：将设计的多种方案以图纸、模型的方式进行表达	提高模型制作能力、图面表达能力	教师对学生设计的多种方案进行集中讲评，选出学生的最优方案			
	制图	A.讲解：消防、结构等方面的制图标准	保证学生制图的严谨性与规范性	公共课			
	注重规范与技术性	B.实践：绘制大学生活动中心设计图纸，包括各层平面图、两个立面图、两个剖面图、分析图与节点详图等	加强学生对基于空间体验的三维空间的理解	1.将绘制的图纸进行1：2打印，授课教师对其进行评图，并对图纸表达提出意见 2.授课教师对学生模型制作进行指导	评价标准 ①正式图纸（25%） ②文本效果（25%） ③模型效果（25%） ④设计理念（25%）	评价方式 ①授课教师讲评 ②教授集中评图 ③学生朋友圈投票	
		C.表达：制作A3号作品集；两张1号正式图纸；1：100模型	提高学生的模型制作能力、图面表达能力	授课教师、学院教授对学生成果进行集中讲评			学生作品

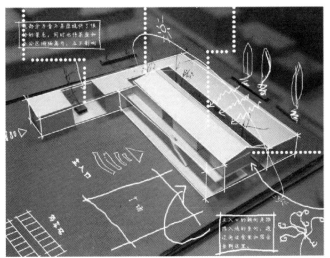

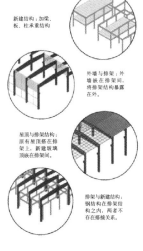

图1 既有建筑改造设计方案案例
（左 靳晓乾作品；中 孙珂珂作品；右 新兴材料——反光铝板）

2.4 丰富评价方式

为了使学生从多角度、多层面认识其方案，采用多种评价方式:教授评图 (图2)、网络评图 (图3)、实践建筑师评图与指导教师评图。其中网络评图由指导老师组织，所有学生参与，采取学生每人一票，指导老师每人三票的方式进行投票选出前十名学生作品。将前十名学生作品进行编辑，做成一个文档，组织学生投放到朋友圈进行投票。在投票系统中进行票数统计，进而对作品进行排序。多样性评价方式通过师生互动的方式，提高学生的参与程度，激发学生对建筑设计的兴趣与热情。

图2 教授评图

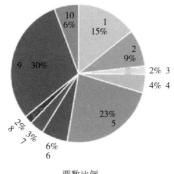

票数比例

图3 二草方案网络投票结果

答案选项（按票数排名）	回复情况
09 闫长庆	62
05 刘京晶	48
01 豆天资	30
02 高平平	18
06 马可欣	13
10 张玉琪	12
04 刘曼	9
07 庞含笑	7
08 闫鹏	4
03 李润	4

受访人数 207/24 个小时（day time）

3 教改成果与反思

教改后学生作业质量明显提升，其中五位学生课程作业参加 2017 米兰设计周——中国高校设计学科师生优秀作品展，获取一个优秀奖与两个入围奖 (图4)。通过课后针对教改效果的调查问卷以及个别学生的访谈发现课改激发了学生建筑设计学习的兴趣，增强其设计的人本意识，提高其设计的逻辑思维能力。任务书自主策划以及学生自我为主体的评价方式，提高其参与程度，激发学习兴趣；空间的叙事性表达使学

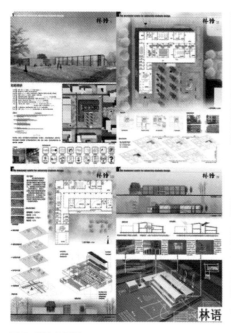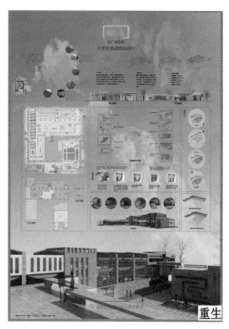

图4 学生作品展示
（左 靳晓乾作品；中 李晓雯作品；右 张嘉璇作品）

生关注的焦点由物质空间转变为具有故事性的空间场所，增强了其设计人本意识；既有与新增关系梳理，通过不断分析环境、材料与结构关系，提升学生设计逻辑思维能力。

教学改革中亦存在一些不足：在任务书策划环节中，部分学生调研样本量不足，故调研结果无法真实反映用户全面需求。在梳理既有与新增关系时，部分学生采用的材料与建构方式与既有建筑过于含混，无法体现建筑师的操作痕迹，致使既有与新增关系不明确。

未来，一方面可将任务书策划、空间的叙事性表达与多样性评价方式的有益经验，做类似教改尝试；另一方面，可借助虚拟仿真技术，构建虚拟现实图像融合场景，增强学生空间体验，进而发展空间叙事性表达设计方法。

（基金项目：2016—2017 年度河北省高等教育教学改革研究与实践项目；项目编号：2016JJG123；河北工程大学教育教学研究项目；项目名称：以逻辑思维培养为目的的建筑学基础教学改革；河北省社会科学基金项目；项目编号：HB18YS009）

注释：
学生作品经作者允许，可发表

参考文献：
[1] 周忠凯，江海涛，郑恒祥．基于功能更新的济南重工车间"适应性改造"策略研究 [J]．工业建筑，2018,48(08)：43—47.
[2] 章明，柳亦春，袁烽．龙美术馆西岸馆的建造与思辨——章明、袁烽与柳亦春对谈 [J]．建筑技艺，2014(07)：36—49.
[3] 于辉，唐东炎．高校旧工业遗存再生的适应性原则探究——以内蒙古工业大学建筑馆为例 [J]．建筑技艺，2018(03)：121—123.
[4] 章明．城市滨水工业文化遗产廊道转型研究 [J]．城市建筑，2017(22)：3.

作者：连海涛．天津大学在读博士研究生，河北工程大学建筑与艺术学院讲师、特色办主任；李高梅．河北工程大学建筑与艺术学院硕士研究生；王晓健．河北工程大学建筑与艺术学院教授、建筑系主任、硕士研究生导师，河北工程大学校级教学名师

以实践创新为主线的建筑图学课程教学研究与实践

王丽洁　侯薇

Teaching Research and Practice of
Architectural Graphics Course Based on
Practice and Innovation

■摘要：建筑图学课程是培养学生形体空间想象力、形状构思设计能力和图形表达能力的重要基础课，对于建筑设计有着至关重要作用，因此，对建筑图学课程教学进行研究有着重要的意义。建筑图学教育更应关注相关学科及技术，并且与其他课程发展成为整合的建筑学教学体系。在教学实践中应进一步加强实践性，以培养创新思维，创新能力为核心，按需施教。
■关键词：建筑图学　实践创新　课程教学

Abstract：Architectural graphic drawing is the fundamental foundation course that is every essential to cultivation of space imagination，shape design and graphic representation．It is important for cultivation of the architectural design ability，so to study on architectural graphic drawing teaching is of great significance．Graphic drawing teaching should pay close attention to relevant science and technology and develop for the integration of the architectural teaching system with other courses．We should strengthen the practical teaching and teaching as the way it needs as core with cultivation of creative thinking and innovative ability．

Key words：architectural graphic drawing；creative and practical ability；course teaching

　　建筑图学课程传统上讲主要是指专业制图：包括画法几何学、阴影透视学及专业制图。时代的发展与学科的要求为建筑图学课程注入了新的内涵，建筑图学已经不再局限于传统的画法几何与工程制图的范畴。建筑图学课程从对基础知识的掌握及建筑识图与绘图训练转向对形体空间想象力、图形表达能力、形状构思设计能力和建筑空间设计能力的培养，即从绘图技巧型向创作能力型的转化，最终达到表达建筑设计与建筑观念，提高学生建筑设计素养与创新能力的教学目标。因建筑图学课程在本科建筑教学中的重要作用，故对其课程教学进行研究有着重要的意义。当代建筑设计是在多学科指导下所进行的一种创造性活动，必须满足时代、市场及用户的各种需求。因此，建筑图学教育不应该仅强调自身学科的系统性和完整性，而更应关注相关学科及技术，并且与其他课程发展成为整合的全程的建筑学教学体系。在教学实践中应进一步加强实践性，以培养创新思维、创新能力为核心，按需施教。

一、建筑图学教育现状与问题

自 1995 年来，教育部组织开展了面向 21 世纪高等教育教学内容与课程体系改革的工作，图学课程经过十多年的研究与改革，其课程内容体系、教学模式及手段都发生了较大的变化，并取得了一系列显著的成果。如北京科技大学研究的课堂教学与课外实训结合的课群融合式教学、上海交通大学研究的以设计为主线分块协调模式教学、浙江大学完成的基础平台与综合提高相结合的模式、北京科技大学研究的三维构形为主线的模式，以及众多学校正在实践的计算机绘图与传统制图整合模式（如吉林建筑大学开展了基于 BIM 的建筑工程图学课程改革、山东科技大学的数字技术课程模块教学等）。虽然各校的教学改革获得了一些成果，但在课程体系内容上尚未取得突破性进展，与国外相比，学科的综合性及培养学生工程实践创新能力方面仍有较大差距。

目前我校建筑图学课程教学存在以下问题：

（1）课程内容设置与学时分配依据传统教学思路，较少依据建筑学科特点与时代发展特征做相应的调整，课程重点不突出。基于计算机图形学的发展，更新、改革传统画法几何教学内容已成为必然趋势。在现代工程技术要求高精度、快速度的今天，工程问题的解决更多的是利用计算机技术及其他高科技手段，图解法已失去了存在的实践基础，图解法内容完全可减少学时。

（2）课程之间相互联系性差，缺少连续性。就建筑图的绘制来说，建筑设计基础课、建筑图学课、建筑构造课都有相应的教学内容，而三门课之间却缺乏应有的联系，造成了教学内容的重复。建筑图学课程作为专业基础课程既是其他课程的基础，又与相关课程相联系。建筑图学课程不应该仅强调自身学科的系统性和完整性，而应关注相关学科及技术，发展整合的建筑教学体系。

（3）课程教学对建筑制图知识、有关标准与规范系统介绍少，对学生的建筑制图知识与技能重视不够。经常发现有的同学甚至到了高年级还出现剖面图画不对、制图不符合标准与规范的现象。造成这种现象的原因在于教学中对制图标准与规范的疏漏，对培养学生建筑师职业素养重视不够。

（5）教学对于如何运用建筑图学的知识，帮助学生进行建筑设计构思与建筑设计表达强调不够，教学不能贯彻建筑教育始终。学生中常存在建筑图学相关内容无用论，认为计算机解决一切问题。这种思想产生的根本原因就是没有认识到图学在培养空间思维、空间造型及建筑设计表达与表现能力上的重要作用。

二、建筑图学教育教学思路与对策

（1）实现课程模块化教学，优化教学内容与教学组织

传统图学课程教学内容知识体系相对独立，与后续专业课程脱节，重理论轻实践，对于后续学习的作用不能凸显，导致学生学习的积极性不高。为了克服以上弊端，我们实行模块化教学。所谓"模块教学"，就是为了实现明确的教学目标，通过整合教学相关内容与目标，把具有相同或相近主题的知识内容整合在一起，形成相对完整、独立的学习单元，通过组织内在关联的单元模块实施教学，帮助学生构建清晰的课程知识体系与脉络。在建筑图学课程中运用模块化教学，是在充分考虑课程教学内容体系、学生的知识基础和相关专业应用需求的前提下，对教学内容和环节进行归类划分，对所要达到的教学目标进行模块化分析，形成与学生学习认知过程、专业知识背景和整体课程体系相适应的若干教学模块，在教学过程中将这些教学模块分散于不同教学阶段，并与相应的专业课程结合，实现"做中学，练中学"[1]。我们在教学中充分考虑与相关专业课程的衔接与融合，设计了基础理论教学模块、基本技能实训模块和应用设计实训模块，每个模块都设定各自的教学分目标与教学内容，见表 1。基础理论教学模块是理论知识基础，基本技能实训模块重在对知识的运用实践，应用设计实训模块强调对设计能力的培养。三模块层层递进，最终实现教学目标。模块教学过程中贯彻全程教育，课程知识点与思维方法通过在后续相关专业课程中不断运用和强化，使得图学课程中传授的专业知识和各种技能融合成为学生自身所拥有的实践创新能力，从而达到提高学生综合设计能力的教学目标。

（2）增加"构型设计"，培养学生空间思维与造型能力

建筑图学课程是将形象思维作为专项训练和教学目标的最为重要的一门课程。形象思维能力、创新能力、职业工程素质是建筑学专业学生能力的核心。建筑图学课程对于这三类能力的培养所产生的思维引导、训练和影响远远超出课程所涉及的理论、方法和技能本身，鲜明地反映出图学教育的独特之处与重要地位。图学课程中的"形象思维"训练的特点主要反映在以二维图形和三维空间作为其思维对象，通过形象思维的想象、联想、判断等形式构成整体思维的过程，是从大轮廓到细节，从整体到逐步细化、逐步明确并创

造出新形象的过程。因而，图学中形象思维的本质是创造性的。

建筑图学课程模块教学内容安排及实施

表1

教学模块	教学目标	主要内容	作业	学时
基础理论教学模块	1．掌握图学基础理论 2．构建空间想象能力	1．正投影的基本理论和作图 2．建筑形体阴影的基本理论和作图方法 3．建筑透视的基本理论和作图方法	1．投影基础作图练习 2．轴测投影理论与作图 3．建筑抄绘与表现	32
基本技能实训模块	1．掌握建筑制图的基本知识与作图方法 2．学习和掌握基本的工程知识	1．房屋建筑的基本图示方法 2．建筑设计及制图的基本过程 3．总平面图、建筑平面图、立面图、剖面图及建筑详图的绘制 4．建筑表现技法与构图表达	1．小建筑测绘 2．建筑模型制作	16
应用设计实训模块	1．培养构形创新能力 2．培养建筑空间设计能力	1．构型设计理论与训练 2．专业设计软件的运用	1．折纸游戏（空间设计与表达） 2．小空间设计	8

建筑图学教学中与设计基础课程有效结合，调整讲授方式与时间安排，优化教学方法与内容，注重培养学生空间想象与造型能力。教学中应增加"构型设计"环节，探索以"思维性"内涵为主导，以图学思维的教育与训练带动"语言性"教育，以达到"构形、表达、读图、制图"的培养目标。[2] 构型创新设计训练应贯穿于课程教学的始终，根据相关教学内容，要求学生根据给定的条件设计新构型（如结合教学内容，增加点、线、面、体的构型练习）。教学中选用的题目都是发散性的，给学生留下充分的设计思维发展和创新空间，能够有效地培养学生的创新意识和工程设计实践能力。

（3）引入"项目教学法"，引导学生进行创造性学习实践

高等教学人才培养模式的创新要求高等教育实践性教学摆脱学科型教学模式的束缚，进一步加强实践性，以培养创新思维、创新能力为核心，按需施教。因此，实践性教学内容和教学方法改革成为高等教育实践性教学改革研究的重点。教学引入以学生为中心的"项目教学法"，学生在教师的指导下亲自处理一个项目的全过程，在这一过程中学习掌握教学内容。这种教学模式将自主权交给学生，充分发挥学生的主体作用，引导学生由被动的继承性学习转变为主动的创造性学习。[3] 如在一年级上学期我们安排了学生进行小建筑测绘，到三年级进行历史文化建筑测绘等实践教学环节（图1）。在实践中学生通过解决具体问题，不断加深与巩固图学课程的知识，真正做到学以致用。步骤如下：

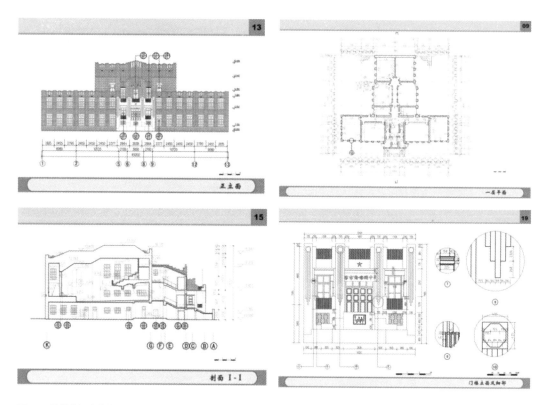

图1 天津铃铛阁中学礼堂历史风貌建筑测绘作业

步骤一，确定项目任务：围绕课程知识点，教师确定测绘对象，提出测绘项目的任务与要求。

步骤二，具体操作：教带领学生进行实地分组测绘。让学生独立思考，引导学生对知识点进行理解，消化。组织开展小组交流、讨论，组员分工协作，共同完成项目。

步骤三，检查评估：测绘完成后，以测绘小组为单位开展数据汇总，分组绘制平、顶、立三视图。教师选取一两份同学的作业进行演示，要求学生指出其中的错误和改正方法。

步骤四，巩固加强：针对学生在测绘过程中的错误、问题，有针对性地进行进一步讲解，巩固学习效果。

（4）与其他课程相结合，构建全程整体教学体系

现有的建筑图学教学是孤立的、间断的，因将该课程作为一门与其他知识割裂开的课程来教学，故学生无法将学到的知识和培养的能力在后续学习中进行运用和提高。因此，我们在专业课程背景下重新组织教学活动，构建模块化教学体系，贯彻五年全程教育，最终达到学科知识体系间的无缝拼接和融合，构建与建筑设计、建筑构造、建筑测绘、建筑历史等多门课程相互渗透的整体教学体系，保证课程间的连续与统一。如建筑图学三个模块分别对应建筑设计基础教学中建筑抄绘、建筑测绘与折纸练习三个作业（图2、图3）。通过完成作业，加深与巩固所学的知识与方法，使得建筑图学课程模块的教学目标得以实现，为设计基础教学打下坚实基础。再如建筑历史教学中让学生用数字化方式将欧洲古典柱式、中国传统屋顶等用电脑进行表达，既训练了学生数字化制图能力，又利用制图过程让学生体会了历史经典建筑构件的建造比例关系，同时了解其内在设计逻辑和结构受力特点。由此让学生既进行了图学训练，又能够增进对建筑历史领域的深入理解。

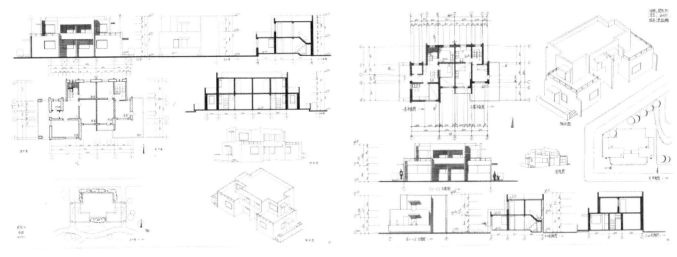

图2　小建筑抄绘作业

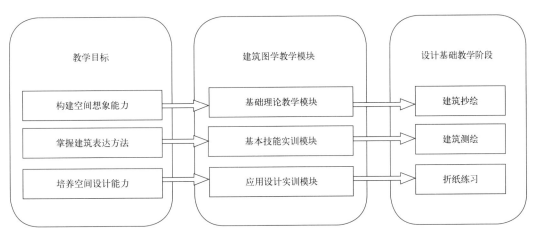

图3　建筑图学课程模块教学与设计基础教学的结合

（5）运用多种多媒体教学手段，激发学生兴趣与空间想象力

作为一门实践性和空间概念很强的课程，对于许多空间分析比较复杂的问题主要靠口授、粉笔、挂图这样的传统教学模式已满足不了课堂教学的需要。单一的教学手段不利于学生空间想象力的形成。教

学中将 PowerPoint、CAI、flash、实物投影、彩色投影仪等多种多媒体教学手段引入，根据多媒体教学手段各自的适应性和局限性（表2）[4]，合理地将其进行选择、设计与组合，从而提高教学效果，活跃课堂气氛。

课件设计多媒体教学功能 表2

媒体类型	媒体职能	典型媒体案例应用
PowerPoint	展示事物、文字、图形形成与变化过程	点、线、面、体及组合体的内在联系，透视效果
CAI	设计图三维变化的全过程，图形放大功能	总平面图、平面图、立面图、剖面图、详图绘制
计算机动画	以动态的方式展现事物的发展变化	阴影与透视效果
实物投影	以静止方式展现事物特征	教学模具、引导问题、作业讲评
彩色投影仪	以静止方式展现事物特征	展示设计图、课程作业、挂图、透视图

三、小结

建筑图学课程教学如何推进"授人以鱼"到"授人以渔"方式的转变，如何启发学生自我学习的主动性和分析问题的能力，激发学生的创新性与开放性，培养学生创新性思维与工程实践能力，是时代留给我们的重要课题。本文仅仅提供了一种思路、一些探讨，希望得到同行们的关注，引发对中国建筑图学教育的思考，以期在未来的教学中不断改善与提高。

（本文受河北工业大学 2014 年教育教学改革研究项目："以实践创新能力培养为核心的建筑图学课程教学改革研究"的资助）

参考文献：

[1] 刘斌，吴雪，王晶等．以实践创新能力培养为核心的工程图学课程模块化教学思考与探索 [J]．教学研究 ,2013,36(6)：97～101.
[2] 熊志勇，罗志成，陈锦昌．基于创新性构型设计的工程图学教学体系研究 [J]．图学学报 ,2012,(2)：108～112.
[3] 解君．项目引入式实践性教学在设计图学课程中的应用 .[J] 大众文艺 ,2013,(6),272～273.
[4] 吴书霞．建筑图学多媒体教学设计．高等建筑教育 [J],2006,15(3),86～90.

作者：王丽洁，河北工业大学建筑与艺术设计学院，副教授，硕士研究生导师；侯薇，河北工业大学建筑与艺术设计学院，讲师

潜在的演变——国内当代建筑学词汇研究

袁琦　林飞宏　陈泳

The Potential Evolution
—— A Study on Word of Contemporary
Architecture in China Based on Statistical
Means

■摘要：建筑学词汇是建筑理论和建筑实践中不可忽略的重要因素。在我国当代建筑学发展历程中，建筑词汇的产生方式及其发展演变对我国的建筑学科发展起到了至关重要的作用。本文通过定量统计的方法，分析构成国内建筑词汇体系的词汇类别，并对这些词汇的产生时间、使用频次、热度、演变方式等内容进行研究，总结出国内建筑学词汇在近 37 年的构成状况、基本发展脉络及演变规律。

■关键词：建筑学词汇　统计手段　词汇发展　词汇热度　词汇演变

Abstract：Architectural word is an important factor that can't be neglected in architectural theory and practice. During the development of contemporary architecture in China, the emergence and changing of architectural word plays a vital role in discipline construction.

By using the method of quantitative statistics analysis, this paper shows the category constitution of word system in contemporary China and focus on the emergence time, frequency of usage, popularity and changing of each word. Finally, this paper summarizes the composition, development vein and the changing rules of the architectural word in the past 37 years of China.

Keywords：Architectural word; statistics analysis; development of word; popularity of word; changing of word

　　1979 年 3 月中共中央政治局决定用三年的时间调整国民经济，随后形成的"调整、改革、整顿、提高"新"八字方针"，成为"改革开放"新政策的先兆。随着政策的不断深入，改革开放之前的 30 年间所形成的建筑口号如"社会主义内容，民族形式"和建筑设计方针如"适用、经济、在可能条件下注意美观"受到了一定程度上的质疑。20 世纪 80 年代，中国实现了历史性的转折，进入了全面的改革与开放。就建筑界而言，改革开放带来了丰富多彩的西方文化思潮，在短暂的十多年时间中，国内的建筑界经历了现代建筑的重思、C·詹克斯的后现代建筑理论、解构主义等多种西方建筑思想的引入。在引进的各种理论中，较有代表性的还有基于跨学科交融而产生的建筑理论。被引入的思想，以大量新词汇的形式迅速涌入国内建筑师的视野，冲击着国内建筑界的观念，也一定程度上影响了国内的建筑创作实践。

一、词汇来源

词汇（word），又称语汇，是一种语言里所有的（或特定范围的）词和固定短语的总和。词汇的核心部分是基本词汇。词汇的发展规律包括旧词的消失、新词的产生和词义的演变。经过新陈代谢，词汇体系越来越丰富。

在我国，建筑学词汇的产生时间是呈跳跃式的，如：形式、空间等许多现代建筑词汇最早可见于1932年中国建筑师学会主办的《中国建筑》，远早于改革开放。而20世纪40年代至70年代学科发展减缓与之后的改革开放，直接促成了80年代词汇数量大幅增加的契机，使其成为当代建筑学词汇发展的一个时间起点。建筑学词汇门类纷繁且数量庞大，研究想要完全覆盖所有词汇是不现实且无意义的。学术论文的标题，往往囊括了文章所研究的对象主体与研究方法，这些词汇普遍程度上代表了作者文章的关注点所在。因此，研究选取了面向国内学术与理论界，且唯一能够覆盖上述时间范畴的建筑期刊《建筑师》自1979创刊至2016年的理论文章作为词汇来源的母本，

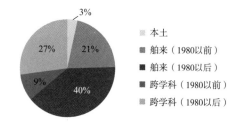

图1 三类词汇总体构成比例图

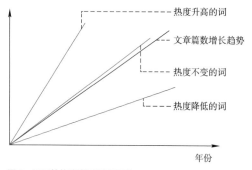

图2 词汇的热度发展判定示意

从文章题目中剥离出能够代表文章研究对象、方法（工具）及结论的150个建筑词汇作为本文研究的样本。

150个样本词汇的生成来源大致可划分为三种类别：舶来建筑词汇、跨学科建筑词汇与本土建筑词汇。事实上，想要完全客观地界定三者之间的界限并不现实。如建筑学中耳熟能详的空间、功能等现代建筑词汇，前者最初来源于哲学，后者最初来源于生物学领域。然而，这些词汇在建筑学领域使用已久，不仅包含着其初始外学科含义，也在建筑学领域形成了普遍认可的含义更新。为了区别于国内建筑学发展新时期以来的、没有成为建筑学基本概念的词汇，这些词汇可暂划分为建筑本学科词汇。另外，根据建筑词汇来源是其他语言还是汉语言，可划分为舶来建筑词汇与本土建筑词汇。三类词汇构成比例显示，自20世纪以来，通过引入国外建筑理论而产生的舶来词汇数量最高，且在1980年以后成倍增加。这一现象曾被戏称为前期营养不良，后期营养过剩。而对比之下，本土建筑词汇的数量表现出明显的匮乏。

为了进一步追踪样本词汇在我国建筑界的发展状况，研究借助CNKI（中国知识基础设施工程<China National Knowledge Infrastructure>）为每一个样本词汇建立了一个包含以下数据的单元：

1. 建筑词汇在国内建筑期刊中首次出现的时间。

2. 自20世纪80年代到2014年期间，每年有多少篇文章（全文）中出现了该建筑词汇。因为得出的这一数据是反应词汇在该年被使用的文章实际篇数，行文中将这一概念用"绝对频次"来表达。

3. 热度值。期刊文章的总篇数逐年增加，国内建筑词汇的总体发展趋势也是呈上升增长态势的，数据是在特定时间段内建筑词汇与期刊文章数量总量增长的相对值。这一概念可以反映出建筑词汇热度在国内建筑界的演变趋势。热度值的计算方式如下：

建筑词汇x年热度 =x年出现建筑词汇文章数量／x年五本杂志文章总篇数

二、词汇发展

在我国建筑学的发展历程中，20世纪70年代末80年代初是一个公认的具有特殊意义的时间节点。这一特殊的拐点也出现在建筑词汇的发展历程中。总体来说，1980年之前的建筑学词汇构成相对单一。70年代末80年代初，后现代建筑等其他理论的引入，使得国内的建筑理论更加丰富化。数据证实，150个样本词汇大部分是在1980年以后首次出现在我国的建筑期刊当中。

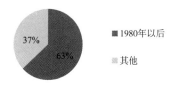

图3　1980 年后出现的词汇占总数比例　　　　　　　　　　　**图4　1980 年之前之后词汇数量对比**

　　然而，尽管 1980 年以来新的词汇在不断产生，其产生速度总体却呈下降趋势，并表现出较为明显的阶段性差异。词汇大量涌入的时间集中于 1980—1989 年，之后则相对放缓。可以说，80 年代是国内建筑学词汇快速扩充的阶段，词汇理论来源的构成也趋于多元化的发展。其中，后现代建筑理论、解构主义思潮带来的如复杂性（1980）[1]、隐喻（1980）、解构（1989）等一系列词汇就是这一时期被引入的。值得一提的是，尽管跨学科词汇在短时间内的增长数量一度超过了舶来建筑词汇，却在 2000 年以后偃旗息鼓了。总体来说，阶段性引入的词汇反应局部现象多、全局面貌少，往往表现为一个时期集中介绍个别国外建筑师的作品和思想，缺乏持续全面的引入和介绍；另一方面，这些阶段性引入的词汇，时兴、先进的比较多，而反映学科基础理论的比较少，尤其是昙花一现的跨学科交融词汇，由于缺乏基础理论，至今仍存在望文生义和不知所云的使用方式。

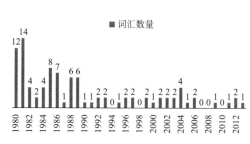

图5　新词产生的时间分布

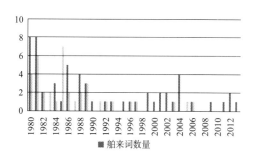

图6　舶来新词与跨学科新词产生规律对比

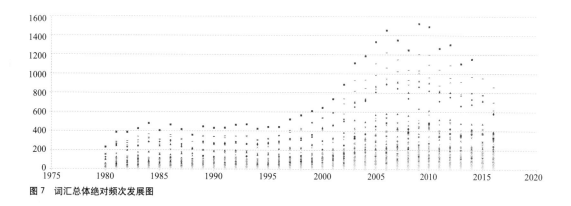

图7　词汇总体绝对频次发展图

　　从 1980 年到 2016 年的 37 年间，建筑学词汇的绝对频次总体增长三倍左右。根据样本词汇的发展趋势，国内建筑学词汇的发展可以分为四个阶段：

　　（1）第一次快速发展：1980—1984 年。词汇绝对频次快速增长，新词汇开始大量出现。这个阶段是建筑学词汇自改革开放以来的发展起步阶段，相较之前几十年的片断式引入，以现代建筑理论为代表的观念被相对全面地引入国内，为国内建筑实践提供了新的视野与思路。

　　（2）缓慢发展期：1985—1994 年。旧词汇发展相对稳定，新词汇继续产生，但是速度开始放缓。这与自 1992 年邓小平南巡讲话之后国内建筑设计市场的繁荣不无关系，业务繁忙的建筑师相对无暇顾及建筑理论与思想的研究提炼，可能是导致词汇绝对频次原地踏步的原因之一。

（3）第二次快速发展：1995—2005年。基于前两个阶段的消化理解和实践检验，这一时期的词汇总绝对频次飞速增长。前15年已经引入的新词汇和仍在继续涌入的新词汇在某种程度上可能成了超越经典现代建筑的某种新动力，国内的建筑师逐渐摸索出一条符合国内建筑需求的理论道路，对于新词的关注不仅表现在学术形式的探讨和研究，也表现在建筑实践对词汇所代表的思考方式进行"引用"和"表达"。

（4）平稳期：2006—2014年。到2006年，词汇的发展达到顶峰，词汇数量发展稳定，新词汇出现速度放缓。

综上所述，绝对频次的增高主要由两个快速发展的时期带动起来：一是1980—1984年，二是1995—2005年。然而这两次增长的原因有很大区别。1980—1984年词汇绝对频次的增长主要缘于国内对于经典现代建筑理论的"补课"式研究。产生于1980年之前的词汇如形式（1932）、设计（1932）、空间（1934）、功能（1954）等在这一时期被高频使用。而1980—1984年被引入的新词汇，如复杂性（1980）、文脉（1980）、聚落（1981）、地域性（1981）、非线性（1981）、数字化（1982）、行为（1980）等，出现初期所涉及的文章数量非常少，不足以对总体绝对频次构成影响。1995年开始的第二次总绝对频次的显著增长，则既包含了产生于1980年之前旧词的继续增长，也包含了大量新词的增长。各类词汇的绝对频次都大幅增高，导致第二次增长的速度要高于第一次增长。随着新词汇在国内逐渐被认识和接受，建筑师们也将注意力转移到了新理论上。这段时间绝对频次较高的新词汇有：行为、更新（1980）、复杂性、文脉、隐喻（1980）、解构（1989）等。其中，解构一词在首次亮相国内的1989年，就在19篇文章中被使用，次年即增长到41篇。相较上一个时期（1980—1984）国内建筑师对待新理论谨慎小心的态度（如："文脉"在出现当年的绝对频次为2篇，"地域性"为1篇，"行为"为6篇），这一时期的建筑师更加开放大胆，对新词汇的接受时间也逐渐缩短。

对比本土词汇、舶来建筑词汇、跨学科词汇三类词汇的绝对频次可以发现，讨论舶来建筑词汇的文章数量多且增长速度极快。跨学科词次之，本土词最末。这些数据一定程度上证实了近三十年来我国建筑学术大幅发展很大程度上依赖对国外建筑思想的学习与借鉴这一观点，这既加快了我国建筑事业的发展，也显示出建立本土建筑话语这一任务的迫切性。值得一提的是，自2010年以来舶来词汇绝对频次的数值下降，侧面反映了国内建筑话语独立意识的萌芽。

三、词汇演变

词汇是处在不断的运动和变化中的，这种动态运动既包括共时的使用中的变化，也包括历时的发展中的变化。词汇的演变是词汇不断新陈代谢作用的结果。一方面新词在不断地产生和增长，另一方面旧词也在不断地发展，但词汇无论新旧，都存在继续演绎发展和逐渐衰亡的个体。

相较国外建筑词汇伴随着建筑思潮发展往往经历几代建筑师（甚至几个世纪）的时间，国内建筑词汇的发展时间是非常短暂的，许多引入的新词汇进入国内建筑师的视野不过二三十年的时间。尽管这几十年的短暂发展过程难以给我们展示出清晰的可预见性规律，但我们仍可以从这些细微的数据中看出国内近37年的词汇发展脉络及不同时期所关注的学术热点。

国内当代建筑学词汇构成中，1980年之前产生的旧词汇仍然占据主要的份额，这些词汇是目前国内建筑学术的中坚力量，不仅没有出现衰亡迹象，反而在平稳中还有缓慢的上升。其中，热度值持续较高的词汇有：空间（1934）、环境（1933）、结构（1933）、功能（1954）、形式（1932）、风格（1933）、构成（1958）等。这些词汇多源于经典现代建筑理论。而这些词汇的高热也显示出：尽管修正经典现代建筑的思潮也在国内建筑界掀起了波澜，但却并未撼动经典现代建筑理论在国内建筑师心目中的主流地位。例如"形式追随功能"这一口号，尽管或多或少受到过质疑和批判，但在国内量大面广（住宅、学校、医院）和结构特殊（体育场馆、高层建筑）的功能性建筑设计中，其影响力仍然占有绝对优势。

尽管词汇热度的整体构成以旧词为主，但带动词汇整体热度值增高的却主要是新词汇的产生和发展。新词汇的使用热度在国内逐渐攀升，这种攀升的速度已经超过了旧的词汇（斜率对比），到2014年基本达到旧词汇的一半。因此，国内建筑学词汇的总体演变情况可以用"出新而不推陈"来概括，新词在快速发展，旧词则仍保持其应有

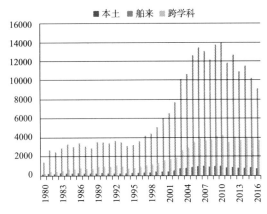

图8　三类词汇发展趋势对比

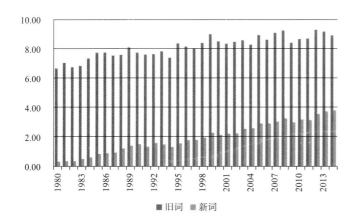

图9 35年以来热度最高的前15个词汇

	1980	1981	1982	1983	1984	1985	1986	1987	1988	1989	1990	1991	1992	1993	1994	1995	1996	1997	1998
1	结构	空间	空间	环境	空间	空间	环境	环境	空间	环境	环境	空间	空间	环境	环境	空间	空间	空间	空间
2	环境	结构	环境	空间	环境	环境	空间	空间	环境	空间	空间	环境	环境	空间	空间	环境	环境	环境	环境
3	空间	空间	结构	结构	结构	结构	结构	结构	结构	结构	功能	功能	功能	功能	功能	功能	结构	结构	结构
4	形式	形式	形式	形式	结构	结构	形式	形式	结构	形式	形式	形式	形式	功能	形式	形式	形式	形式	结构
5	功能	功能	功能	形式	功能	功能	结构	功能	功能	结构	结构	结构	结构	结构	结构	结构	结构	功能	功能
6	风格	风格	风格	风格	风格	风格	风格	构成	风格	风格	构成	构成	风格	构成	构成	构成	风格	构成	构成
7	构成	构成	类型	构成	风格	构成	构成	风格	风格	构成	风格	风格	构成	风格	风格	风格	构成	风格	风格
8	尺度	类型	构成	类型	有机	尺度	场所	尺度	尺度	尺度	场所	场所	尺度	场所	场所	场所	场所	场所	场所
9	园林	尺度	有机	尺度	尺度	场所	场所	场所	场所	尺度	尺度	心理	场所	尺度	尺度	意识	意识	意识	视觉
10	有机	园林	尺度	尺度	类型	心理	类型	尺度	尺度	类型	心理	场所	尺度	尺度	有机	尺度	尺度	尺度	意识
11	类型	有机	场所	有机	场所	有机	有机	有机	视觉	意识	类型	有机	视觉	意识	视觉	有机	视觉	视觉	尺度
12	场所	场所	园林	场所	园林	心理	心理	类型	心理	有机	有机	视觉	心理	视觉	意识	意识	类型	类型	类型
13	视觉	视觉	视觉	视觉	构图	视觉	视觉	视觉	构图	尺度	视觉	意识	类型	类型	类型	类型	有机	有机	有机
14	构图	构图	构图	视觉	视觉	视觉	园林	构图	构图	构图	心理	构图	有机	视觉	心理	心理	心理	心理	构图
15	意识	院落	院落	心理	心理	园林	园林	构图	意识	园林	构图		行为	园林	园林		行为	行为	园林

	1999	2000	2001	2002	2003	2004	2005	2006	2007	2008	2009	2010	2011	2012	2013	2014	2015	2016	
	环境	空间	空间	空间	空间	空间	空间	空间	环境	空间	空间	空间	空间	空间	空间	空间	空间	空间	1
	空间	环境	环境	环境	环境	环境	功能	环境	空间	环境	环境	环境	环境	结构	环境	环境	环境	结构	2
	功能	功能	功能	功能	结构	结构	环境	结构	结构	结构	结构	结构	结构	环境	结构	结构	结构	环境	3
	形式	结构	结构	功能	功能	功能	结构	功能	功能	功能	功能	功能	功能	功能	形式	功能	功能	功能	4
	结构	形式	形式	形式	形式	形式	形式	形式	形式	形式	形式	形式	形式	功能	形式	形式	5
	构成	构成	构成	构成	构成	构成	构成	构成	构成	构成	构成	类型	构成	场所	尺度	尺度	尺度	6
	风格	风格	风格	风格	风格	场所	构成	场所	风格	场所	尺度	场所	类型	场所	场所	类型	类型	7
	场所	场所	场所	场所	场所	尺度	风格	尺度	尺度	营造	营造	尺度	尺度	尺度	场所	场所	场所	8
	尺度	尺度	尺度	尺度	尺度	尺度	尺度	尺度	尺度	尺度	尺度	风格	风格	类型	类型	9
	意识	视觉	视觉	尺度	尺度	尺度	视觉	尺度	视觉	视觉	尺度	风格	营造	类型	营造	10
	视觉	类型	类型	有机	营造	类型	营造	营造	营造	类型	视觉	营造	营造	营造	营造	11
	有机	意识	意识	意识	营造	营造	类型	类型	类型	视觉	营造	视觉	风格	视觉	视觉	12
	类型	有机	有机	类型	类型	意识	意识	意识	视觉	风格	视觉	意识	意识	风格	意识	13
	营造	行为	营造	营造	有机	意识	意识	风格	营造	意识	意识	行为	意识	行为	14
	营造	营造	营造	有机	有机	意识	意识	类型	意识	意识	行为	意识	意识	行为	风格	15

图10 新旧词汇的热度发展趋势对比

的份额。

1. 新词的演变

由于国内的新词汇发展时间较短，尽管整体看来新词的发展趋势呈现相似性的增长（见图4-图5），但实际上不同词汇个体的热度发展却极具差异。

国内20世纪80年代引入的新词汇从首次产生到发展，往往存在着较为明显的阶段性。一般来说，大部分新词汇在引入之后，需要一个被国内建筑界逐渐普遍理解并接受的时间段，这一时间段的词汇热度变化较小，本文暂将这段时期称为该词汇的接受期；当该词汇逐渐被国内建筑界理解并消化之后，其热度会开始产生较为明显的变化（一般表现为热度值逐年增高），这一时期该词被大量引用或研究，直至发展到37年中的最高值，本文暂将这一时期称为该词汇的发展期。如图12所示。

在本文的研究样本中，1980年后出现的新词的热度发展变化大致可以分为以下四类：

（1）接受期较长，发展期明显

新词汇在出现初始并没有立即发展，而是经历了较长的接受期，并在近年达到热度峰值的词汇发展过程，大致发展历程如图13～图14所示：

发展过程历经较为明显的接受期和发展期的新词汇数量较多，如舶来建筑词汇中的复杂性(1982)、地域性(1982)、体验(1982)、纯净(1982)、聚落(1982)、本土(1986)、消解(1993)、数字化(1994)、建构(1990)、肌理(1986)、模糊(1990)、非线性(1992)等；跨学科词汇中的生成(1982)、表皮(1995)、重构(1989)、行为(1980)、暧昧(1983)、意象(1985)、不确定性(1985)、现象学(1986)、消隐(1986)、维度(1997)等，占到了新词总数的约50%。

词汇的来源囊括了西方自现代建筑思潮以来的各种流派，如："纯净"一词来源于以密斯凡德罗为代表的讲求技术精美的设计倾向；"复杂性"来自于罗伯特文丘里的后现代主义宣言；"地域性"来源于以柯利亚、杨经文、莫奈奥等建筑师为代表的新地域主义等。这些在西方建筑历史中，以纵向时间产生和发展的词汇，在国内以横向并列的方式被引入，并以相似的发展规律在近37年内从无人问津到广为人知。

（2）接受期极短，发展期较明显

词汇从首次出现在国内建筑期刊开始，只经历了很短暂的接受期，甚至完全没有接受期，就开始了较为匀速的持续发展，占样本总数的2%左右，其中较有代表性的是记忆(1980)、感知(1981)、更新(1980)等。

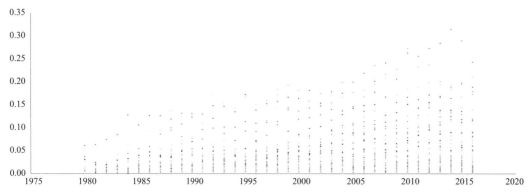

图 11　新词汇的总体热度发展点图

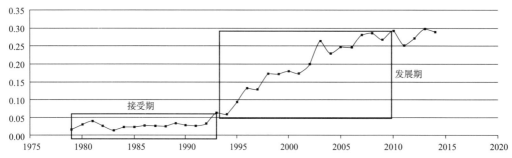

图 12　词汇的接受期以及发展期示意

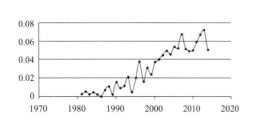

图 13　"地域性"热度发展图示

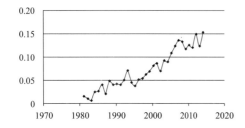

图 15　"记忆"热度增长图示

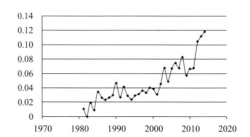

图 14　"表皮"热度发展图示

图 16　"感知"热度增长图示

　　以"记忆"一词在国内的发展历程为例。自凯文林奇的《城市意象》在 1984 年 6 月刊的《建筑师》中第一次被连载以来，建筑与记忆、城市与记忆的议题便在国内蓬勃的发展起来。书中"……任何东西都不可能体验自己，研究它们通常需要联系周围的环境、事情发生的先后次序以及先前的经验……每一个人都会与自己生活的城市的某一部分联系密切，对城市的印象必然沉浸在记忆中……"等观点，与国内建筑师一直以来从未泯灭的对于"传统"的追求不谋而合，并且为这一追求开启了新的视野和方向。1988 年沈克宁在《世界建筑》06 期中发表 "意大利建筑师阿尔多罗西"，文中将罗西《城市建筑学》中的 "……每一新的活动在场所中含有过去的回忆和对未来潜在的记忆。城市是人们对它的集体记忆……"进行了翻译和解释，正式在国内提出"城市记忆"的概念。"记忆"一词一经出现，便首先在建筑遗产保护的研究中被大量使用。如：曹劲、赵文斌发表于《新建筑》2000 年 4 月刊中的 "记忆的延伸、隐约的联想——广州骑楼建筑保护与发展"。紧随其后, 2001 年, 由市民投票选取的"90 年代北京十大建筑"评选活动中,"城市记忆"

的概念便被作为评选标准而正式使用。随后的十几年，含有"记忆"一词的文章逐年增多，多以针对历史建筑、乡土建筑等研究为主。近年，随着普利斯策奖花落国内，王澍的作品以其与传统不可分离的相关性，引发了"记忆"论断在国内建筑师和建筑学子中新一轮的热议和追捧。

（3）接受期较长，无明显发展

这一类词汇是指：热度平均值小于 0.02[2]，且在所有词汇的热度发展趋势中一直处于相对低热度区间内（下图 17 横框区域）的词汇。这些新词汇在国内基本没有得到广泛的发展，在本文的研究样本中所占比例约为 36%。

在研究样本中，舶来建筑词汇中低热度且无发展的词汇数量也要多于跨学科词汇中低热度且无发展的词汇数量。比如舶来建筑词汇中的巨型结构（1980）、灰空间（1981）、空间效益（1984）、白色建筑（1984）、断片（1988）、栖居（1988）、织理（1997）、藏匿（1995）、跨文化（1990）、空间句法（1996）、集成建筑（2002）等，跨学科词汇中的修辞（1984）、同时性（1985）、场域（1989）、蒙太奇（1989）、表意性（1992）、延异（2003），等等。

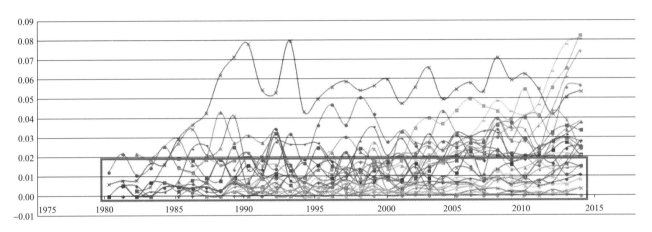

图 17　热度持续走低的词汇示意图

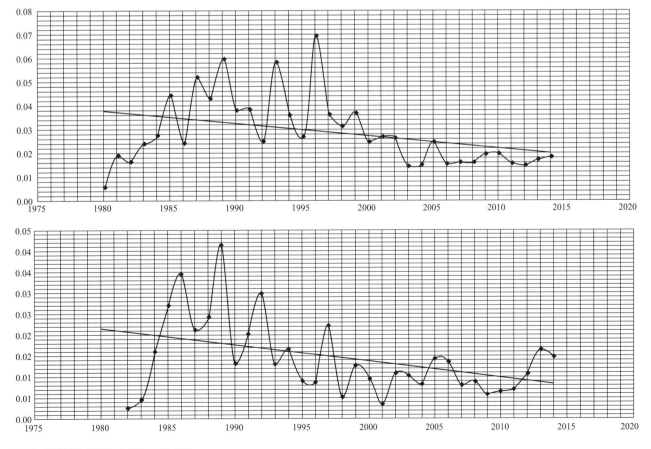

图 18　"符号学""母题"热度发展趋势示意

数据反映出这些词汇所代表的理论或者观念未能在国内得到广泛的关注。这种情况的出现需要考虑到两方面的原因：其一，很大一部分词汇的首次出现时间较晚，考虑到其还处于接受期的可能性，这些词汇的低频并不能说明其有效发展程度，应减去的这一部分词汇占样本总数的6%；其二，一些词汇并不在建筑学中具有普适性使用条件，所以本身不会引起学术界较为广泛的讨论。如"集成建筑"是在住宅工业化背景下，将建筑物的结构及其相配套的设施、服务等各种体系优化组合而成的建筑产品，这种特殊性注定其只能成为小范围内建筑师们讨论的对象。

（4）接受期较短，发展期明显但后期热度明显下降

词汇在出现初期热度迅速增长，当达到高峰后热度明显下降，该类词汇约占总数的6%左右。如母题（1980）、生态学（1980）、符号学（1982）、解构（1989）、极少主义（1996）等。

这些词汇既包括建筑学方法论，也包括大量的跨学科理论。其热度的消减显示出相应学术问题在国内关注度的下降。尽管我们不能就其短短37年的热度发展趋势来判断这些词汇终将衰亡，然而其降热现象也确实证实了国内建筑学术热点的转移。可以说，尽管我国建筑学事业发展初期曾大量借鉴外来的建筑理论，然而大浪淘沙之后，并非全部所谓先进的认知都适用于我国的建筑事业发展。

经计算，新词汇接受期的平均时长约为8年[3]。那么，出现于1980—2008年新词的发展率问题就是一个值得研究的问题。

事实上，1980年以来引入的新词当中，有效发展的词汇仅占58%。而随着时间的推移，新词的有效发展率是逐渐降低的。词汇有效发展率的降低，与近年来国内一些建筑师为了体现其"先进性"的设计思想而对新词汇"拿来主义"的现象有一定关系。样本词汇尚且选取的是文章主体中有代表性的词汇，更勿论其他词汇了，这类词汇或者仅仅是作为建筑本身吸引眼球的噱头，本身可能并不具备作为建筑学词汇继续发展的必要性。

年份	新词汇总数	发展期明显的词	没有发展的词	有效发展率
1980—1984	37	28	9	75.7%
1985—1989	26	18	8	69.2%
1990—1994	7	2	3	66.8%
1995—1999	8	5	3	62.5%
2000—2004	12	3	9	25%
2005—2008	4	1	3	25%

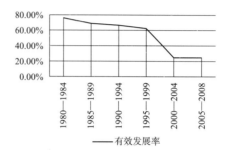

图20　新词汇有效发展率时间变化图[4]

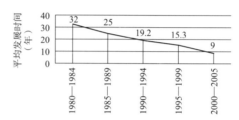

图21　新词汇平均成长时间变化图

与新词汇有效发展率相对应的，还有新词汇的成长时间[5]这一指标。新词汇从开始发展到发展最高峰的成长时间平均值随着时间的推移，有大幅度的减少。这一数据的得出，显示出国内外建筑理论研究能力之间差距的不断缩小。

2．旧词的演变

旧词与新词的发展有着本质上的区别，新词从出现到被普遍接受使用，其热度的增长存在着一定的必然性。而旧词在热度相对稳定的状态下继续发展，则比新词要困难得多。旧词的继续发展，主要存在两种情况：其一，该词汇的涵义和使用方式发生了新的演绎和变化，不断适应了国内建筑界的需求，并得到建筑界的普遍认可；其二，该词汇的重要性被重新认识，引起了重新研究的必要性或者是激发了新的创造力。就本文的研究样本来看，回顾性的词汇发掘相对总量而言较少，并不具备普遍性。因此，有机更新演绎是旧词汇在国内得以热度继续升高的主要表现形式。

例如37年以来，"营造"一词增长率热度是本土词里增长最快的。

营造一词在国内古已有之，自国内现代建筑理论萌芽以来，也一直占有一席之地。在20世纪30年代的建筑期刊《中国建筑》中，"营造"的

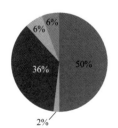

图19　四种发展类型的词汇所占比例

■ 接受期较长、发展期明显的词汇
接受期极短，发展期明显的词汇
■ 接受期很长，发展期十分不明显的词汇
接受期较短，发展明显到后期热度明显下降的词汇
■ 不研究其发展率的词汇

出现频率较高。但是究其自 20 世纪 30 年代至今在国内的使用方式，还是有一定的变化。

朱元淦在 1955 年《统计工作通讯》中对"建筑物""营造物""构筑物""构造物"几个名词进行解释研究，认为"营造物"是"建筑物"的旧称，它的含义有时在一些书刊中的解释，并不包含房屋，仅仅指构筑物。在此之前，国内旧式的建造机构，叫做营造厂，主要是承包房屋的建筑工程。根据这些资料，营造一词在 20 世纪 50 年代前的含义偏向于施工这一概念。

20 世纪 80 年代该词主要作为《营造法式》《清式营造则例》等书名存在的一个词汇元素。1980-1990 时期，营造一词的热度值较为稳定，起伏不大。

自 1992 年开始，营造的使用方式就不再局限于书名，开始有了具体的指向性含义，比如：程万里于 1992 年在《建筑工人》中发表"中国古建筑的营造"一文，营造的使用方式由构成元素变为了具体的动词。其"营造"的对象，往往是古建筑、民居。1995 年开始，"营造"的对象开始宽泛，建筑室内空间或者设备的运营空间也被纳入范畴，如：1995 年朱忆林发表于《建筑创作》的"欧洲建筑——永恒的艺术作品 浅淡欧洲建筑室内空间及营造"，以及同年刘汉盛发表于《发烧友》的"音乐厅的设计思想和家庭音响空间的营造"。自 1995 年后，营造一词的热度逐步增加，并且其含义便与"设计"相似了。然而相较于"设计"一词最初是用于描述绘画工作中的指导思想，且在其发展过程中，与草图、构图等等词汇被认为是同义词[6]，所以"设计"的概念更偏重技术性，而营造一词还暗含了与意境、氛围等因素的关联性。

由此可见，"营造"一词的使用方式变迁与国内建筑学的发展历程是相辅相成的。一方面，词汇的使用方式变迁与发展使其能够在国内建筑界长盛不衰；另一方面，为了适应新的建筑观念，词汇本身的含义也必然经历发展和演绎。

四、总结与展望

尽管研究所涉样本无法覆盖全局，仍然能够在一定程度上证明建筑学词汇在过去的 37 年内极大地推动了我国建筑事业的发展。与此同时，国内建筑学词汇的演变处于一个"出新而不推陈"的阶段，新词汇热度迅速增长，而旧词汇仍然是目前建筑界认识、理解、设计、评价的基本理论工具。大量现代建筑词汇一定程度上成为了某种经典，普遍占据着我国近 37 年以来的学术理论与建筑实践舞台。尽管在建筑理论多元化发展的今天，新词汇层出不穷，并不断以更快的速度刷新着我们的视野，然而不可否认的是，新词汇的影响力常常有其局限性，也不乏许多新词汇的出现不是为了表达新的理念，而仅仅是对旧理念的翻新与包装，这就更加需要严肃审慎地进行甄别与使用。

另一方面，建筑词汇有所发展虽然是好的，但其发展的方式需要转型。国内建筑师难以摆脱对于建筑词汇尤其是舶来新词汇和跨学科新词汇的过分依赖，属于我们自己的本土建筑话语体系却尚未形成。词汇所担当的责任也应有所变化，我们不仅应该对外来的理论以及词汇渊源进行研

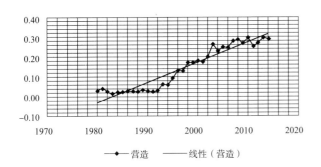

图 22 "营造"热度变化趋势

篇 名	作 者	刊 名	年／期	被引
从《营造法式》看北宋的力学成就	杜拱辰 陈明达	建筑学报	1977/01	12
《营造法式》初探（一）	潘谷西	南京工学院学报	1980/S1	23
中国营造学社的回忆	单士元	中国科技史料	1980/02	3
我国现存最早的建筑技术书《营造法式》	王全太	建筑工人	1981/08	
《营造法式》初探（三）	潘谷西	南京工学院学报	1985/01	17
《中国营造学社汇刊》评介	张驭寰	中国科技史料	1987/05	12
中国建筑界早期的学术团体——中国营造学社	郭浩	科学	1988/01	
《清式营造则例》图版中若干问题的探讨（二）	马炳坚	古建园林技术	1989/02	
《营造法式》"举折之制"浅探	李会智	古建园林技术	1989/04	2

图 23 20 世纪 80 年代营造在期刊篇名中的使用情况

究，获得对世界建筑发展的清晰明确的认识，更应将这种认识与我国本土的建筑思路与创作环境结合起来，去研究探讨如何在全球化的交融背景中保持独立的姿态。这也是我国建筑学词汇体系未来发展的必经之路。

（本文受 2019 年同济大学研究生教材建设立项项目（2019JC05）的基金资助）

注释：

[1] 括号内为词汇的首次产生时间。

[2] 这一数值的提出的背景是：该词汇在所选建筑期刊中被使用的年平均文章篇数小于 10 篇。

[3] 这一数据的得出办法是将所有明确接收期的词汇的接收期时间求平均值。

[4] 由于新词汇产生的黄金时间集中于 20 世纪 80 年代，后期产生的新词总量较少，不能看出时间规律。因此，笔者按 5 年为一个时间段分析词汇的发展率变化。新词汇从首次出现到开始发展，平均接受期约为 8 年，出现较晚的词汇，可能存在接受期还未结束的现象，对数据准确性干扰较大，故选取 1980－2008 年出现的词汇计算发展率。最后一个时间区间由于新词汇数量较少，可能存在误差，但不影响词汇发展率整体下降的判断。

[5] 新词汇的接受期及发展期时间之和。研究仅选取至 2016 年热度增加的斜率已经减缓或者步入稳定的新词汇。对于至 2016 年热度值仍在继续高速增长的词汇，考虑到其未来热度值仍将升高，还未达到自身热度峰值的可能性，不对其进行研究。

[6] 笔者译自 Adrian Forty *Words and buildings: A vocabulary of Modern Architecture* 的 Design 一节。

参考文献：

[1] 葛本仪.《现代汉语词汇学》[M]. 山东人民出版社 .2001.

[2] Adrian Forty. Words and building：A vocabulary of Modern Architecture.[M]London，Thames and Hudson.2000.

[3] 邹德侬.《中国现代建筑史》[M]. 中国建筑工业出版社 .

[4] 凯文林奇.《城市意象》[M]. 华夏出版社 .2012.

[5] 阿尔多罗西.《城市建筑学》[M]. 中国建筑工业出版社 . 2006.

[6] 赵巍岩.《潜在的建筑意义——从现代到当代》.[M]. 同济大学出版社 . 2012.

[7] 赵巍岩、王珣."词"决定建筑 . 建筑师 . [J]. 2012.1.

[8] 李翔宁、倪雯卿 . 24 个关键词：图绘当代青年建筑师的境遇、话语和实践策略 . 时代建筑 . [J]. 2011.2.

[9] 王凯 . 言说与建造 . 时代建筑 .[J].2014.2.

作者：袁琦，同济大学建筑与城市规划学院 博士研究生，加州大学伯克利分校，访问学者；林飞宏，宁波市城乡规划监测中心工程师；陈泳，同济大学建筑与城市规划学院 教授，博导

限与阈：门槛的古文献释义与称谓延伸

张宗建

■摘要：门槛是中国建筑中极具结构功能与传统文化特色的建筑构件，它既是区分屋室内外的重要界线，又在中国传统社会中具有重要的礼仪与文化功能。门槛一词在古文献中有着诸多不同的称谓，这些称谓的出现基本上与门槛的功能、材质、方言等特性有关。而在古文献中门槛的释义也提及门槛的功能性，这其中既包括实用功能，又有一定的象征功能。同时，这些文献的释义与阐述也为研究门的结构系统及其文化意义提供了佐证。

■关键词：门槛　门限　古文献　释义　称谓

Abstract：The threshold is an architectural component of architectural and cultural features in Chinese architecture．It is not only an important boundary between indoor and outdoor housing，but also plays an important ritual and cultural function in traditional Chinese society．The term "threshold" has many different titles in ancient literature．The appearance of these titles is basically related to the features，materials，and dialects of the threshold．In the ancient literature，the definition of the threshold also mentioned the functionality of the threshold，which includes both practical and symbolic functions．At the same time，the interpretation and interpretation of these documents also provide evidence for the study of the structural system of the gate and its cultural significance．

Key words：Threshold；Limit；Ancient literature；Interpretation；Appellation

　　门是房屋庭院内部与外界的分界线，是民众日常生活与建筑形制中不可或缺的部分。在中国传统建筑中，门作为其建筑构成之一，既具有实用的建筑功能，有兼有文化的象征意义。同时，从传统建筑的结构角度来看，门既是其中的一部分，其自身又形成了一定的门结构系统，在这一系统中又包括门扉、门阑、门轴、门枕、门楣、门限等分部件，这之中门限便是我们日常所见门槛的传统谓称。在中国古代文献记载中，门槛一词有着诸多释义，这些释义的来源与门槛的历史、功用、材质等方面有着密切的联系。另外，从这些文献的释义与阐述中，我们可以从中明析门槛在中国传统建筑中的重要作用。

门槛的出现一是源自建筑本身的需求，二是与中国人的传统心理相关。这种实用与精神性的影响，使门槛不仅成为建筑构件系统中不可或缺的部分，同时兼具了中国古人规范行为、敬畏神灵、身份象征的作用。另外，在古代一些医学文献的记载上，门槛下方或旁侧的泥土往往成为一种重要的药方，这或许与中国古人对于门槛的敬畏心理息息相关。

一、门槛的历史与发展

门槛的出现与形制发展在中国历史上经历了漫长的变迁过程，它的出现与"户"和"门"有着密切的关联。早在仰韶时期的半坡遗址中，其半圆形制的房屋建筑入口便有"门槛"的遗迹。"出入口有一东西向的土脊状的门限，宽3，高12厘米，长与门宽相等。门限表面大体平整，其上有六个不规则圆形的小柱洞，东西排成一直线，直径约4—7厘米，是为加固门限而特设的。"[1]门槛随着建筑形制的不断变化与发展，也开始不断进步；同时，其名称在不同时期也出现了不同的称谓，这种变迁过程我们首先可以从"槛"的字义入手。屈原《九歌七·东君》中曾有："暾将出兮东方，照吾槛兮扶桑"[2]之语，唐欧阳询注："槛，楯也。"[3]这里的楯所指的是庭院外的栏杆中横向的木头，"照吾槛兮扶桑"正是意指太阳照射进我家庭院中扶桑木做的栏杆上，这里"槛"的含义较早阐释了其具有区分庭院内外、分割空间的界限作用。春秋末期郑国人邓析所作的《邓析子·无厚篇》中曾载："驱逸足于庭，求猿捷于槛。"[4]这里的"槛"同样是庭院栏杆的意思，只不过作者将"槛"一字概括为了由"槛"包围的内部空间，再次突出的是"槛"的空间隔离作用。从上述两种文献对于"槛"的表述来看，"槛"字的原义正是作为区分界限的栏杆出现的，但这里关于"槛"的表述是相对独立的，尚未联系到门结构系统中。在宋代李昉等人编撰的《太平广记》中，曾引用了源自《汉书·东方朔传》的一则趣事："汉武帝尝以隐语召东方朔。时上林献枣，帝以杖击未央前殿槛曰：'叱叱，先生束束。'朔至曰：'上林献枣四十九枚乎？朔见上以杖击槛两木，两木林也，束束枣也，叱叱四十九也。'"[5]在这里的"槛"开始明确为"未央前殿槛"，这就意味着这里的"槛"已经脱离栏杆的释义，成为了房屋建筑所用之槛，亦即"门槛"。

在文献记载中，"门槛"一词往往由"门限"表述，"门槛"一词的出现也应晚于"门限"。同时，在"门槛"一词的文献梳理中，我们可以发现，在关于礼仪制度、道德规范、建筑结构等方面的阐释中，多以"门限""阈""秩"等字词表述门槛，而"门槛"一词则多用于文学作品或文人随笔之中。如南宋洪迈《容斋续笔·卷八》中曾有："蜘蛛之结网也，布丝引经，捷急上下，其始为甚难。至於纬而织之，转盼可就，疏密分寸，未有不齐。门槛及花梢竹间则不终日，必为人与风所败。"[6]在这一借用蜘蛛织网象征不肖者所处社会地位的论述，使用了"门槛"一词，虽然这里的"门槛"并无实际的建筑结构之意，仅是引用象征，但仍是目前可查较早使用"门槛"一词的著述。进入明朝之后，"门槛"一词开始广泛出现在文献著述中，并随着小说、戏剧的发展在文学作品中扩布开来，如《红楼梦》《西游记》《初刻拍案惊奇》《醒世恒言》《官场现形记》等作品均大量使用了"门槛"一词。这似乎也意味着，"门槛"一词在中国古代社会中更多的是一种口语化的表现，或是一种更适于民众日常口头与文字表达的称谓，是一种生活化的词语展现。而在关于门槛不同时期文化内涵、建筑形制甚至方言俚语的表述中，有着一个宏大的"门槛"阐释体系，并且每一称谓的出现都有其文字释义的缘由与关系。

二、古文献中空间划分功能引申的称谓

关于"门槛"一词的古文献释义与称谓，分析其词义，基本上是由三方面关联引申形成，即由内外分界引申的称谓、由材质及功能引申的称谓、由方言引申的称谓。而在大量的文献记载中，"门槛"的古文献常用称谓可以达到20余种，这其中包括:限、阈、秩、阃、捆、阑、切、閫、臬、楗、楣、橜、橛、辚、畿、閱、门限、门碇、捆阈、门橛、门橜、门蒨、地秩、阑撅、户辚、户阈、限切等。

门槛在中国传统建筑中属于门结构系统中的重要部件，门在建筑中主要起到出入口指示、安全考量及内外空间转换的功能。门槛作为其中最特殊的一部分，需要出入者通过腿部的跨越动作来越过门槛，以达到感受内外空间转换的作用，这种空间转换既是身体上的挪动，

更是通过身体带动心理，进行大门内外空间的分界体验。"门槛，俗称门坎，是在门框下面紧贴地面的一条横木，它的功能是能挡住门扇的底部，人出入大门需抬腿迈过以别内外。"[7]由此可见，门槛的一个很大的功用目的就在于区分空间感，即人在跨越的被迫体验中，强制性地从一个空间感受到另一个空间。在古代文献中，具有众多的称谓是与其空间划分的功能相关的。

（一）门限

明代周祈编撰的《名义考》一书中曾引三国时人孙炎言："门限，谓门下横木，为内外之限。"[8]"内外之限"即指物理空间的内外分界，"门限"一词也是古文献中对于门槛称谓的最常见术语。《营造法式》中曾对门限的尺寸、厚度等有过细致的阐述："门限长随间广，其方二寸，若其断砌，即卧柣长二尺，广一尺，厚六寸。其立柣长三尺，广厚同上。"[9]

（二）阈

朱熹《论语集注 卷五·子罕第九》有言："阈，门限也。"[10]阈字从门旁，其中"或"本义指国家，"门"与"或"字结合在最早当意指国门，而后又特指皇宫宫殿门口的门限，是出于礼仪与安全角度引申而来的门槛释义，其意义亦指区分内外界空间，并且这两种空间是一种礼制的空间划分。《唐律疏义》中曾有："诸阑入者，以踰阈为限。"[11]同样的表述在宋《刑统》中亦有出现，这也就意味着"阈"字所代表的门槛，不仅具有着普通的内外空间分界作用，同时兼具了严格的等级与政治作用。

（三）切

明人徐应秋在其《玉芝堂谈荟·卷三十》中曾集合了多篇古文献中对于"切"谓为"门槛"的记载，文曰："考工记注云：眼读如限切之限。限切，谓门限也。汉书外戚传：切皆铜沓，黄金涂。师古曰：切，门限也。门限曰切，汉昭阳宫切皆铜防冒黄金涂。"[12]从这一记载可知，"切"作为门槛的称谓之一，在汉朝即已有之。《李义山诗集注》亦有对于"切"的义析："赵昭仪居昭阳舍。殿上髹漆。切皆铜沓冒。黄金涂。注：切，门限也。"[13]那么，对于"切"的字义分析，我们可以从《广韵》中对于"切"的释义窥视一二，"切，割也，刻也。"[14]那么，将"切"引申至门槛的释义中，正是引申了其"割也，刻也"的空间分割功能。在与"阈"的使用比较上，"切"更具生活化气息，减少了礼制的色彩。

（四）闑、臬

闑字通臬，在文献记载中多以"闑"字来指代门限，亦有"臬"者。"闑"字应用于门槛之意时，多与礼制的空间分割有关。《仪礼·释宫》有："士冠礼曰：席于门中闑西阈外。注曰：闑，橛也。玉藻正义曰：闑，门之中央所竖短木也。释宫曰：橛在地者谓之臬。"[15]关于"臬"的文字考释是"闑"应用于门限称谓的基础，这其中《广雅·释诂一》中有："臬，法也。"[16]王念孙疏证："凡言臬者，皆树之中央，取准则之义也。"[17]《尔雅·释宫》则有："在地者谓之臬。"[18]从这些文献记载来看，"闑"与"臬"在释义上亦是以"中央""在地者"等关键词着重于内外界限的分割。同时，《汉书·冯唐传》中有："闑以内寡人制之，闑以外将军制之。"[19]这象征着"闑"作为门限的使用更多地被赋予了礼制、礼仪的作用，并且在"闑"的使用上，多表示朝廷的内外，而非一般庭院的内外。

（五）畿

畿，原义为国家疆域与界限，后逐渐引申为地界或建筑间的界限。《说文解字》曰："天子千里地。以远近言之，则言畿也。"[20]这里"畿"尚是对天子所管辖区域空间的表述，而很快这种表述便被引申到对于建筑及门槛的称谓上，目前见诸最早以"畿"谓之"门槛"的文献是《诗经·邶风·谷风》，文中有诗："行道迟迟，心中有违。不远伊迩，薄送我畿。"[21]这里的"薄送我畿"，意指"你仅仅送我到大门槛"。"畿"字便有"门槛"之意，并且我们还可以看到，"畿"字的使用相对削弱了礼制与等级的束缚，有表达民众家居门限称谓之意。唐韩愈有诗《谴疟鬼》言："清波为裳衣，白石为门畿。"[22]《康熙字典》注："畿，＜增韵＞：门限也。"[23]畿从疆界、地界的本义延伸至门限、门槛上，正是由于其具有的空间概念及分割界限的意义，作为分割大门内外空间的门限，以"畿"表述正是古人将"家庭"与"国家"疆域界限、空间概念的融汇，体现了古人"家国一体"的思想。

（六）阃

阃，同"捆""梱"，释义门下之梱，均意指门槛。《礼记·曲礼》载："外言不入于阃，内言不出于阃。"[24]郑玄注："阃，门限，与阈为一也。"[25]南朝刘孝标《广绝交论》中有言：

"蹈其阈阈，若升阙里之堂；入其隩隅，谓登龙门之阪。"李善注："阈、阈皆门限也。"[26]"阈"在表述门槛之意时，亦多以分割内外空间之意为主，同时兼具了浓重的礼制色彩。郑玄《周礼注疏》曰："谓'王不自出'，使卿大夫出军，阈外之事，将军裁之。"[27]另外，"阈"还有妇女所居内宅门户的释义，有"闺阈""宫阈"等词留世，亦与传统礼制相关联。

（七）蹙

蹙，从足。"蹙，本又做蹴。"[28]"蹴，蹋也。以足逆蹋曰蹴。"[29]"蹙"字则有"踩踏"之意，其中强调的是"从足"带来的足部动作，后引申至门槛释义中。郑玄《仪礼注疏》有："古文阃为执木，阈为蹙。"[25]由"蹙"作为门槛称谓的引用情况较少，其主要通过表示跨越动作来代替门槛的功用，也是为了划分内外界限而来的称谓，其意义功能与"阈"相近。

三、由材质及功能引申的释义称谓

门槛虽然在传统社会中彰显着独特的礼制作用与象征意义，但其仍是可视的一种物象存在。如若去除其自身所属的各类文化内涵，单纯从制作材质来看，门槛一物基本经历了泥质到石质、木质甚至金属质同时出现的历程。仰韶文化时期的西安半坡遗址中，门限最初的材质以泥草为主，"第37号房址也是内小木棒，外用细草泥土做成的门限。"在进入礼制社会后，随着生产力的发展与建筑工艺的进步，石质、木质、金属质等材质开始出现在门槛制作中，其中由于我国古建筑多为木质结构，故而木质门槛为多，并由此产生了诸多以材质引申而来的称谓。

（一）柣

字从木，是较早的从材质角度引申门限的称谓之一。《尔雅·释宫》有言："柣谓之阈，枨谓之楔，楣谓之梁。"[18]同时，在诸多古文献的记载中，三国时经学家孙炎曾注疏"柣"字，即"柣，门限也"[30]清人段玉裁《说文解字注》中亦有："今言门蒨是柣声之转耳。字当为柣而作切音。玉裁谓：柣当为而作切音。"[31]这也说明，在以木字为偏旁以阐释门限的材质之外，柣字尚对后世"门槛""门限"的成为发音有着重要的影响。

（二）橛

橛字从木，同橜。橛本义为木桩，《说文解字》有注："橛，弋也。"[20]"弋"即有小木桩之义。后"橛"字引申至建筑结构的称谓中，成为门限因材质而产生的代名词之一。《尔雅·释宫》有"橛谓之阒"之言。清人秦蕙田《五礼通考》中有注："阒，谓门之中央所竖短木，又谓之门橛。"[32]前文释义"阒"字时，曾据文献推断其为宫廷朝廷内外门限专用语，"橛"作为材质引申的称谓，因其文献中多与"阒"相呼应，推断其亦应是礼制规约的产物。

（三）榍

榍，《说文解字》曰："榍，限也。从木屑声。"[20]同时在该书对"限"字的解读中有："限，阻也。一曰门榍。"[21]从这里的文献注释来看，"榍"字即等同于"限"的含义，即区分内外空间的涵义。在宋人陈祥道所著《礼书》中则有："榍也，亦曰柣，曰阈中于门者，两门之中也。"[33]这就意味着，最晚在此时，"榍"已经扩大了"限"的分隔空间之意，引申出以门限为主义的建筑构件功能称谓。后明人方以智撰写的《通雅》一书中便有："门限曰切，一曰门榍。"此时，门榍这一词汇已经成为门限、门槛的代名词之一。

（四）梱

梱，通上文所指"阃"，在古文献记载中，两者时有混用之处。如上文提及《礼记·曲礼》载："外言不入于阃，内言不出于阃。"[24]而清人陈弘谋《教女遗规》一书中引用此篇则曰："礼云：'外言不入于梱（门限也），内言不出于梱。'"[34]这也就意味着，在传统社会中"梱"与"阃"基本上是通用的。"阃"表明了一种礼制与仪礼，"梱"字则因从木，体现出门限一物的材质属性。另《尔雅注疏》卷五中有："枨谓梱上两旁木。"[35]这也从侧面印证了"梱"等同于"门槛"的称谓。

四、由方言引申的释义称谓

门槛一词在古代社会的各种称谓，我们目前仅能从可视的文字角度进行考量，但去考证该字或词在当时社会环境下的标准发音、不同区域方言发音等问题则有相对的困难。颜师古《匡谬正俗》一书中曾有："柣声之转耳。字宜为柣而作切音。"[36]这就表明在唐初，就已出现了某些文字的转音现象，"柣"字便有作切音现象的出现。同时，在传统社会中，虽然不同时期词汇均有本时期相对固定的读音，但在某些方言发音中仍然有所不同，并且这些方言发音由于在民众间传播的范围较为广布，发音稳固性更强，从而使诸多读音至今沿袭。其中，门槛这一建筑构件因各地方言发音的不同，生发出了诸多不同称谓，这在古代文献中尚有些许记载。

（一）轔

轔，通作鄰，亦作躙，原为象声词，多以"轔轔"二字义指车马行驶所发出的声音。杜甫《兵车行》中曾言："车轔轔，马萧萧，行人弓箭各在腰。"而在《淮南子·卷十七说林训》中曾有："虽欲谨亡马，不发户轔，虽欲豫就酒，不怀蒌。"[37]这之中的"户轔"一词显然不是"轔轔"所指的拟声之词，在清《康熙字典》中曾对此作注："楚人谓户限曰轔。"[23]近代著名古典文学研究家王利器在其《颜氏家训集解·卷七》中亦有注解："轔，户限也。楚人谓之轔。轔读近邻，急气言乃得之也。"[38]由此来看，"轔"字义作门槛、门限，原是楚地方言谓之轔，故而"轔"是较早出现且有文献记载的门槛之方言称谓。

（二）门碇

碇，从石，其中"定"字意指平定、静止，"石"字则指材质，《汉语大字典》释"碇"义为："停船时沉入水底用以稳定船身的石块或系船的石礅。"[39]而光绪年间陈朝龙所著《新竹县采访册》卷一中曾言："有巨石长十余丈，宽四、五丈，横亘溪中，名石门碇。注：方言：门碇谓门限也。"[40]新竹县位于台湾西北部，门碇为其方言中谓称门槛者，由于此地隔台湾海峡与福建相望，大概与闽南语发音有关。同时，"碇"字稳固、静止之义放置于门构件中，亦可解释门槛称谓之来源。

（三）门蒨

颜师古《匡谬正俗》一书中曾曰："俗谓门限为门蒨。何也？答曰：按尔雅曰：'柣谓之阈。'郭景纯注曰：'门限也。音切。'今言门蒨。是柣声之转耳。字宜为柣而作切音。"[36]门蒨一词在文献记载中少有出现，这里所说"俗谓"表明其为一口语化称谓，少有礼制与礼仪的制约，更多的为日常生活中引申而来。在今山东、河南地区仍有方言谓"门槛"为"门蒨"者。

综合上述文献资料，我们可以看到，"门槛"一词由于其功用的独特性，在古代中国社会中引申处诸多谓称，这类谓称既包括表现门槛的材质者，又有方言俚语引申至文献者，更重要的则是凸显"门槛"这一事物礼制礼仪功能者。这意味着在古代中国社会，门槛一物已经不仅仅是简单的建筑构件，其精神功能远远超过了物质功用，以此来象征身份高低、区分空间的公私、表现主客之间的互敬等。甚至在诸多古代医药文献记载中亦有使用"门限土"治疗疾病的内容，排除物质条件下"门限土"是否真正具有科学的医用功能，这种对于"门限土"的崇拜式使用与门槛的具体礼制功能是不可分割的。另外，在所有这些称谓中，又可以相互组合形成多样的"门槛系统"称谓，例如捆阈、门橜、门廩、地柣、闑撅、户轔、户阈、限切等，这些称谓在文献中则均有详细的记载。所以，门槛一词，其称谓功用的文献挖掘为我们展现出了一个宽广的"门槛世界"，其引申的精神意蕴直至今日在村落及庙观古迹等处依然有着虔诚的再使用，而如何在当代建筑中凸显"门槛"一物，或将其进行物质化的延伸，对于承继传统中国文化意蕴有着重要的功用。

参考文献：

[1] 中国科学院考古研究所．西安半坡 [M]．北京：文物出版社．1963．

[2] 屈原．楚辞 [M]．太原：山西古籍出版社．2003．

[3] 欧阳询．汪绍楹等．艺文类聚 [M]．上海：上海古籍出版社．1999．

[4] 邓析．邓析子 [M]．上海：中华书局．1936．

[5] 李昉等．太平广记 [M]．上海：上海古籍出版社．1990．

[6] 吴玉贵．华飞．四库全书精品文存（第 22 卷）[M]．北京：团结出版社．1997．

[7] 楼庆西．中国建筑的门文化 [M]．郑州：河南科学技术出版社．2001．

[8] 周祈．名义考 [M]．四库全书文渊阁本．

[9] 李诫．营造法式 [M]．北京：中国建筑工业出版社．2006．

[10] 朱熹．论语集注 [M]．北京：商务印书馆．2015．

[11] 长孙无忌．李绩．唐律疏议 [M]．北京：中华书局．1983．

[12] 徐应秋．四库笔记小说丛书：玉芝堂谈荟 [M]．上海：上海古籍出版社．1993．

[13] 李商隐．李义山诗集注．李义山文集笺注 [M]．上海：上海古籍出版社．1994．

[14] 陈彭年．丘雍．广韵 [M]．上海：商务印书馆．1935．

[15]李如圭 . 仪礼释宫 [M]. 台北：艺文印书馆 .1980.

[16]张揖 . 广雅 [M]. 四库全书文渊阁本 .

[17]王念孙 . 广雅疏证 [M]. 北京：中华书局 .1983.

[18]郭璞 . 尔雅 [M]. 杭州：浙江古籍出版社 .2011.

[19]班固 . 汉书 [M]. 北京：中华书局 .2007.

[20]许慎 . 说文解字 [M]. 北京：中华书局 .1977.

[21]佚名 . 诗经 [M]. 武汉：武汉出版时 .1997.

[22]曹寅 . 彭定求 . 全唐诗 [M]. 上海：上海古籍出版社 .1986.

[23]张玉书 . 陈廷敬等 . 康熙字典 [M]. 北京：中华书局 .1984.

[24]戴圣 . 礼记 [M]. 郑州：中州古籍出版社 .2010.

[25]郑玄 . 仪礼注疏 [M]. 上海：上海古籍出版社 .1990.

[26]萧统 . 文选 [M]. 上海：上海古籍出版社 .1986.

[27]郑玄 . 周礼注疏 [M]. 上海：上海古籍出版社 .1990.

[28]张玉书 . 陈廷敬等 . 康熙字典 [M]. 北京：中华书局 .1984.

[29]释慧琳 . 续正一切经音义 [M]. 上海：上海古籍出版社 .1986.

[30]佚名 . 春秋左传正义 [M]. 济南：山东友谊书社 .1993.

[31]段玉裁 . 说文解字注 [M]. 上海：上海古籍出版社 .1988.

[32]秦蕙田 . 五礼通考 [M]. 北京：商务印书馆 .2013.

[33]陈祥道 . 礼书 [M]. 四库全书文渊阁本 .

[34]陈弘谋 . 教女遗规 [M]. 上海：上海广益书局 .

[35]郭璞 . 邢昺 . 尔雅注疏 [M]. 上海：上海古籍出版社 .2010.

[36]颜师古著 . 刘晓东平议 . 匡谬正俗平议 [M]. 济南：山东大学出版社 .1999.

[37]刘安 . 淮南子 [M]. 上海：上海古籍出版社 .2016.

[38]王利器 . 颜氏家训集解 [M]. 北京：中华书局 .2014.

[39]汉语大字典编辑委员会 . 汉语大字典 [M]. 武汉：湖北辞书出版社 .1986.

[40]陈朝龙 . 新竹县采访册 [M]. 台北：大通书局 .1962.

作者：张宗建，天津大学冯骥才文学艺术研究院　博士在读

2018《中国建筑教育》·"清润奖"全国大学生论文竞赛纪要

获奖名单公布

颁奖典礼于 2018 年 11 月 25 日在华南理工大学体育馆隆重举行

- 在教育部高等学校建筑类专业教学指导委员会建筑学专业教学指导分委员会(原专指委)指导下,由建工社《中国建筑教育》发起,联合全国高等学校建筑学专业教育评估委员会、同济大学建筑与城市规划学院、北京清润国际建筑设计研究有限公司共同主办。旨在促进全国各建筑院系的建筑思想交流,提高在校学生各阶段学术研究水平和论文写作能力。

- 2018 年 4 月,发布竞赛题目:共享时代的城市与建筑(出题人:李振宇)

截至 9 月 20 日收稿时间,共收到稿件 226 篇,涵盖中国内陆 65 所院校以及来自境外 2 所高校(日本北九州市立大学、加拿大麦吉尔大学)的投稿。

- 获奖情况:本科组、硕博组获奖论文共 55 篇,其中一二三等奖共 18 名。本科组、硕博组一等奖分别来自天津城建大学建筑学院和武汉大学城市设计学院。优秀组织奖获奖院校为:天津城建、郑州大学、昆明理工、同济大学和天津大学

- 获奖情况分析:

本科组:各院校百花齐放。天津城建、河北工大、中国石油大学表现优秀;

硕博组:传统博士点院校优势明显。同济大学获奖率很高(投稿 10 篇获奖 6 篇)。

- 颁奖

2018 年 11 月 25 日,中国高等学校建筑教育年会暨院长系主任大会主题报告及闭幕式在华南理工大学体育馆隆重举行。主旨报告之后,我社举行了 2018《中国建筑教育》"清润奖"大学生论文竞赛颁奖典礼。我社咸大庆总编辑致颁奖辞。介绍了今年的竞赛主题是"共享时代的建筑与城市",分为本科组和硕博组。两组各评选出一等奖 1 名、二等奖 3 名、三等奖 5 名,还评选出"院校组织奖"4 名。

我社咸大庆总编辑,《中国建筑教育》李东主编,北京清润国际建筑设计研究有限公司马树新总经理和孔宇航、孙澄、蔡永洁、孙一民、肖毅强、彭长歆、张宇峰等教授分别为获奖同学及院校代表颁奖。

硕博组获奖名单

获奖情况	论文题目	学生名	指导老师	所在院校
一等奖	共享单车接驳与城市轨道交通通勤的相互关系研究——基于北京市的实证分析	申犁帆	张纯	武汉大学城市设计学院
二等奖	共享城市视角下联合办公空间的布局特征与共享机制——以上海市为例	梁景宇、沈娉	赵渺希	华南理工大学建筑学院、同济大学建筑与城市规划学院
二等奖	"共智共享共策"：新时期社区更新与治理路径的广州实证	赵楠楠	刘玉亭、王世福	华南理工大学建筑学院
二等奖	共享经济下的建筑学：上海地区长租公寓社区共享性研究	王春彧	李振宇	同济大学建筑与城市规划学院
三等奖	共享时代下的新住宅模式——对我国"共享住宅"及空间设计策略的研究	周腾飞、戴佳佳	仲德崑、龚维敏	深圳大学建筑与城市规划学院
三等奖	城市快速路上部空间共享可行性研究	徐新杉	丁沃沃	南京大学建筑与城市规划学院
三等奖	基于青年创客的居住需求的共享社区研究——以沈阳市为例	王琳玮	苏媛	大连理工大学建筑与艺术学院
三等奖	基于模块化共享空间的厦门沙坡尾旧城再生策略研究	赵亚敏	辛善超 孔宇航	天津大学建筑学院
三等奖	"盒"聚变——城市触媒理论引导的共享微空间新模式	叶征冰	杨哲	厦门大学建筑与土木工程学院
优秀奖	国外共享城市理论与实践研究分析及启示	朱洪宝	沈清基	同济大学建筑与城市规划学院
优秀奖	基于"共享"理念的城市"中间领域"设计策略初探	沈洁、沈祎	史永高	东南大学建筑学院
优秀奖	以共享为导向的中小学创新设计思考	梅卿	李振宇	同济大学建筑与城市规划学院
优秀奖	共享街道的"边界"——对泉州天后宫地区的改造后研究	郑海洋、韩洁	盛强	北京交通大学建筑与艺术学院
优秀奖	共享时代下的城市基础设施空间利用研究——以日本中目黑高架下为例	岑土沛、许早欢	艾志刚	深圳大学建筑与城市规划学院
优秀奖	共享经济时代下西班牙开源城市的发展与启示	胡佳雨	薛名辉	哈尔滨工业大学建筑学院
优秀奖	共享出行模式下路内停车空间变化初探	杨宇灏、胡文嘉	吴鹏、武晶	河北工程大学建筑与艺术学院
优秀奖	联合办公，不同凡"享"？——天津联合办公运营现状及共享绩效研究	程秉钤	张天洁	天津大学建筑学院
优秀奖	重组城市·跨越类型·共享未来——基于复杂性理论的城市"变异空间"范式转换及应对策略研究	黄银波	彭震伟	同济大学建筑与城市规划学院
优秀奖	"披着共享外衣"的租赁经济——住房中的"伪共享"探究	吕金池	杨大禹	昆明理工大学
优秀奖	共享视角下的高校学习中心未来发展趋势	程倩	彭雷	华中科技大学建筑与城市规划学院
优秀奖	开放、流动、共享——基于"共享云平台"理念的养老服务动态配给模式研究	张可	徐晓燕	合肥工业大学建筑与艺术学院
优秀奖	空间共享的演变研究——从"人民公社"到"虚拟交互"	张雷	黄凌江	武汉大学城市设计学院
优秀奖	学校体育资源共享下城市体育设施优化布局研究——以苏州中心城区为例	马锡海	胡莹	苏州科技大学建筑与城市规划学院
优秀奖	功能善变，算法不灭——"共享经济"下北京修自行车点的空间逻辑探究	胡彦学、庞天宇	盛强	北京交通大学建筑与艺术学院
优秀奖	城市更新背景下存量建筑转变复合型青年共享社区的建筑再生策略探究——以深圳多处复合型青年共享社区为例	谭慧宇	彭小松	深圳大学建筑与城市规划学院
优秀奖	基于时空视角的轮滑行为模式挖掘与空间定量化分析——以武汉大学为例	张旎、甘甜	张霞	武汉大学城市设计学院
优秀奖	基于网络数据和实测流量探究酒精体验式商业共享空间的发展价值与分布规律——以北京五道口地区为例	刘诗柔	盛强	北京交通大学建筑与艺术学院
优秀奖	2020年的菜场重生——基于空间微元自主操作的空间共享模式	李绍东	杨毅	昆明理工大学建筑与城市规划学院

本科组获奖名单

获奖情况	论文题目	学生名	指导老师	所在院校
一等奖	共享经济浪潮下城市"异托邦"何处去?——以北京706青年空间为例	范倩、司思帆	杨艳红、林耕	天津城建大学建筑学院
二等奖	基于行为模式分析的城市既有棚户区共享住区改造研究——以天津美术学院片区为例	程思颖、刘坤	胡子楠	天津城建大学建筑学院
二等奖	基于地域社会圈模型与互助居住模式的城市共享住宅设计研究	王嘉仪	李珺杰	北京交通大学建筑与艺术学院
二等奖	"垂直社区"——居住生活与空间共享新模式研究	卜笑天	舒平	河北工业大学建筑与艺术设计学院
三等奖	共享时代下的模块化O2O共创社区模式研究——以北京中关村创客产业为例	李经伟、陈玺媛	聂彤、许从宝	青岛理工大学建筑与城乡规划学院
三等奖	建筑作为一种人与人之间的连结纽带——共享时代下台北co-living共居空间模式设计与推广运营探讨	张书羽、周昊	张倩	西安建筑科技大学建筑学院
三等奖	"连接·开放·共享"——城市历史遗存的重载与公共活动空间的现代性重构:以2017上海城市空间艺术季为例	陈秋杏	孙磊磊	苏州大学金螳螂建筑学院
三等奖	共享经济下的创客空间——从深圳创客空间谈起	李伊、莫钫维	黄海静、陈科	重庆大学建筑城规学院
三等奖	既有工业遗产的共享价值研究——以天津新港废旧船厂塔吊的共享社区改造为例	范敬宜、叶旺航	胡子楠	天津城建大学建筑学院
优秀奖	共享建筑学背景下城市创意街区公共性优化研究	黄文艺	丁鼎	西安理工大学
优秀奖	挣脱礼制的束缚——鄂东南乡村新建宗祠的共享性策略研究	刘斐旸、李骏	彭然、徐伟	武汉工程大学土木工程与建筑学院
优秀奖	从公共到共享——中国石油大学(华东)校园空间的设计更新与在地性实践	李娜、赵萌	王灵芝、陈瑞罡	中国石油大学(华东)储运与建筑工程学院
优秀奖	开阖有度——开放共享下的中小学体育场馆发展之道	徐灏铠、黄斌	杨艳红、刘辉	天津城建大学建筑学院
优秀奖	从金明池到田子坊——谈共享建筑的被动与主动	张永超	杜晓辉	北京交通大学建筑与艺术学院
优秀奖	"从卧室到街道"——用模糊边界探索滑铁卢街角社区的共享生活	赵一泽、周荣敏	王量量	厦门大学建筑与土木工程学院
优秀奖	从"公共"到"共享"——公共建筑向共享建筑发展的可能性探索	王子宜	江浩	同济大学建筑与城规学院
优秀奖	信息时代中历史建筑的空间叙事及其第五维度共享——以汉口租界原德瑞洋行仓库改造为例	袁榕蔚	周卫	华中科技大学建筑与城市规划学院
优秀奖	共享经济下的城市失落空间重塑——以昆明桥下空间利用为例	马雨桐、廉子瀚	陈倩	昆明理工大学建筑与城市规划学院
优秀奖	"享"非所想,知"行"分途——地铁站周边步行环境中设计师专业认知与居民实际行为的差异研究	吴嘉琦	何捷、张天洁	天津大学建筑学院
优秀奖	想你所"享"——合肥共享书店运营模式研究	陶梦婕	白燕、王琳、顾大治	合肥工业大学建筑与艺术学院
优秀奖	考研共享社区:激活学区闲置房源的一种新模式——以福州大学城考研群体的共享租房模式探索为例	陈玥杉、董书杨	邹胜兰	福州大学建筑学院
优秀奖	"灸"活老房——共享背景下的老旧社区室外空间改造探索	缪彤茜、孙维	陈伟莹	郑州大学建筑学院
优秀奖	浅析青年保障性住房共享空间设计策略	秦朗	李鹃	武汉大学城市设计学院
优秀奖	基于社区营造的共享研究——以校园社区为例	刘小琰、毛竹	王灵芝	中国石油大学(华东)
优秀奖	"共享办公"引入老旧城区的可行性探索——以天津安善里、保善里社区为例	张冉冉	张敏、杨艳红	天津城建大学建筑学院
优秀奖	"共享"or"优享"——对优化时间空间模式的探讨	吴冰、贺冰洁	无	河北工业大学建筑与艺术设计学院
优秀奖	不再是城市的匆匆租客——台湾社会资源共享下的公共租住模式研究	王晴	无	华侨大学建筑学院

申犁帆
（武汉大学城市设计学院，博士）

共享单车接驳与城市轨道交通通勤的相互关系研究

——基于北京市的实证分析

申犁帆　张纯

Exploring the Relationship between Bike-sharing Catchment and Urban Rail Transit Commuting: Based on Empirical Analysis from Beijing

■摘要：为考察共享单车接驳与轨道交通通勤行为特征的相互关系，以北京市 44 个轨道站点为例，基于 2015 年和 2017 年轨道交通一卡通刷卡数据以及 2017 年 ofo 小黄车骑行定位数据建立广义自回归条件异方差模型。研究结果表明：①轨道交通通勤量和站点周边的共享单车骑行量具有明显的正向关系；②在一定程度上，共享单车对于轨道交通的通勤方式具有替代作用，共享单车接驳与轨道交通通勤的相关性支持了"出行时间预算"理论；③共享单车接驳特征受站点功能以及站点周边产业类别和居住人口密度的影响；④从通勤者的角度来看，共享单车在职住平衡状况上对其所造成的消极影响有限，并且在提高通勤的效率和可达性、增加就业机会以及优化居住选择等方面产生一定积极作用。

■关键词：城市轨道交通　通勤行为　共享单车　站点接驳　GARCH 模型　北京

Abstract: For examine the effects of bike—sharing on the characteristics of urban rail transit commuting behaviour and jobs—housing condition, the GARCH model was built based on the 2015 and 2017 urban rail transit smart card data and the 2017 ofo riding data taking 44 rail transit stations in Beijing as an example. The results indicate that：(1) there is a significant positive relationship between urban rail transit commuting quantity and the amount of bike—sharing riding around the station；(2) To a certain extent, bike—sharing has an alternative effect on the commuting mode of urban rail transit. The relationship between bike—sharing catchment and urban rail transit commute supports the theory of "travel time budget". (3) In addition, the characteristics of bike—sharing catchment will affected by the functional category of urban rail transit station and industrial type and residents' density around the station. (4) From the point of commuters' perspective, the negative impact of bike—sharing on the jobs—housing balance is limited. Meanwhile, bike—sharing plays a certain positive role in aspects of improving commuting efficiency and accessibility, increasing employment opportunity and optimizing residential choice.

Keywords: Urban rail transit; Commuting behavior; Bike—sharing; Station catchment; GARCH model; Beijing

一、引言

城市通勤行为一直以来都是城市规划、城市地理、城市交通等学科领域的研究重点。随着我国城市轨道交通网络的快速拓展和城市生活节奏的不断加快,越来越多的就业者依赖于轨道交通进行通勤。以北京为例,2007—2016的十年间,轨道交通年出行量增长了5倍多,达到36亿人次。同时,轨道交通出行占所有出行方式的比重从7%提高到了27%(图1和图2)。高效性、准时性、

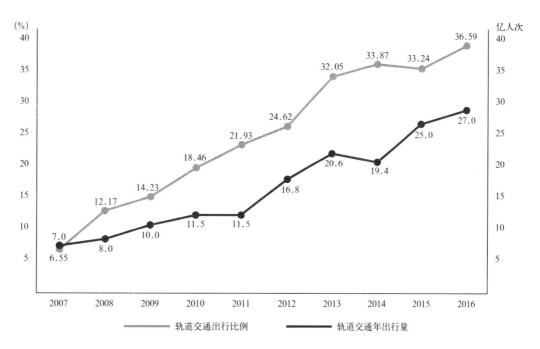

图1 北京轨道交通出行人数及出行方式占比

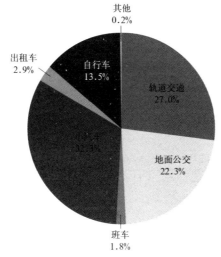

图2 2017年北京中心城区通勤交通出行方式构成

安全性、低成本等方面的优势使得城市轨道交通已成为除小汽车外北京居民最主要的日常通勤方式(北京市统计局,2008—2017;北京交通发展研究院,2008—2017)。近年来,共享单车的出现为人们提供了新的出行方式选择。截至2017年6月,共享单车已遍及我国约50个城市,国内活跃用户数超过8000万(易观,2017;比达咨询,2018)。

作为一种新型的租赁式交通工具,共享单车能够充分结合因城市经济发展和快速扩张造成的自行车出行萎靡现状,最大化地利用公共道路通过率,提高人们出行的效率和便捷度,同时起到一定锻炼身体的作用(易观,2017)。在日常通勤方面,相比过去有桩式公共自行车,共享单车不

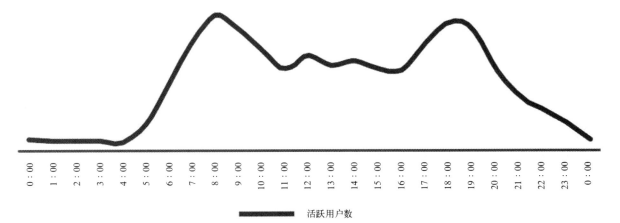

图 3　2017 年第一季度中国共享单车分时段活跃用户数分布

仅能够为短途通勤者提供"点到点"出行服务，还有助于解决公共交通通勤出行"最后一公里"的问题（林俊，2016；邓力凡等，2017）。从共享单车的出行时间分布来看，早晚高峰时段的骑行量明显多于平峰时段（图3）。因此，随着共享单车的大规模投放和使用，城市居民的通勤行为特征也在随之发生改变，特别是共享单车接驳会对轨道交通通勤产生一定影响（比达咨询，2018）。因此，分析和阐释共享单车与轨道交通通勤的相互关系对于合理布设共享单车、优化接驳过程、提高整体通勤效率具有重要意义。

二、相关研究综述

改革开放后，我国经历了社会经济制度的转型和城市化的快速发展，城市居民的居住和就业模式不断变化，原本围绕"单位"展开的工作、居住和其他日常生活活动日益多元化和碎片化。从空间上看，人们的就业地和居住地呈现出逐渐分离的趋势。随着网络信息时代的到来，居民的职住关系和通勤行为特征也在发生转变。信息与通信技术（Information Communications Technology，ICT）的发展使得越来越多的就业者不再局限于固定的工作地点和工作时间（Nilles，1976；张纯等，2017）。在这种背景下，自行车越来越难以满足人们的日常通勤需求。一方面，快节奏的城市生活使人们愈加重视通勤效率和时间成本；另一方面，自行车在长距离通勤以及日常多元活动方面具有明显的局限性。于是，传统的自行车通勤逐渐被轨道交通等其他机动交通方式所取代。尽管轨道交通大幅提高了人们的通勤效率，但无法实现"点到点"的出行服务。因此，无桩式共享单车的公共性特征不仅可以有效提高轨道交通通勤前后端的接驳效率，还能够适应多元化的出行需求。

在共享单车出现前，关于自行车尤其是公共自行车与轨道交通接驳方面的问题已经被人们所重视。其中，不少研究者在归纳和分析了自行车接驳轨道站点的特征后发现，客观因素中的站点属性和区位、建成环境、接驳条件、接驳距离（杜彩军等，2005；马培等，2011；赵建有等，2012；李配配等，2013）以及主观因素中的社会经济属性、出行目的、出行成本（岳芳等，2007；王文红等，2008；黄小燕，2011；曹雪柠等，2015）会对人们是否选择自行车接驳轨道站点产生影响。此外，一些学者通过分析和借鉴国外经验，为我国城市轨道站点周边公共自行车接驳的融资运营和规划布局提供可行的建议（五一，2010；杨梅等，2012）。由此可知，国内目前相关研究主要关注于站点接驳方式的影响因素分析和站点接驳设施规划方面。由于自行车出行数据较难获取的局限性，在自行车接驳与轨道交通出行的相互关系研究相对较少。

三、研究设计

（一）研究范围

在本研究中，我们将北京市海淀区和西城区内位于四环路沿线及以内的所有轨道站点和四环路以外居住和就业人口密度较大且具有一定代表性的区域内的站点作为研究范围（图4）。为保证分析结果的可靠性，我们剔除了研究范围内由京港地铁公司运营的轨道交通4号线沿线以及与其换乘的所有站点。最后，研究范围共包括44个轨道站点（表1）。

（二）数据选择

本研究中所使用的数据主要来自以下4个方面：① 2015 年 9 月 14—25 日和 2017 年 9 月 11—22 日各两周共计 20 个工作日（期间没有雨雪等极端天气）的样本站点刷卡数据、起止点（OD）数据以及关于样本站点及其所在线路的一些常规数据。其中，为使刷卡数据能够更有针对性地反映轨道交通通勤行为，我们剔除了单程票、员工卡等刷卡数据，只统计一卡通充值卡的刷卡数据和OD数据，数据为按每30分钟统计的累计刷卡次数。有效数据共计163万余条。②样本站点周边200m

研究范围内的轨道站点 表1

所属区	站点名称			
海淀区	健德门	巴沟	公主坟	海淀五路居	上地
	牡丹园	火器营	莲花桥	花园桥	西二旗
	西土城	长春桥	军事博物馆	白石桥南	清华东路西口
	知春路	车道沟	白堆子	万寿路	六道口
	知春里	慈寿寺	五棵松	大钟寺	北沙滩
	苏州街	西钓鱼台	玉泉路	五道口	
西城区	车公庄西	积水潭	木樨地	长椿街	达官营
	车公庄	鼓楼大街	南礼士路	和平门	广安门内
	北海北	阜成门	复兴门	湾子	虎坊桥

数据来源：作者整理

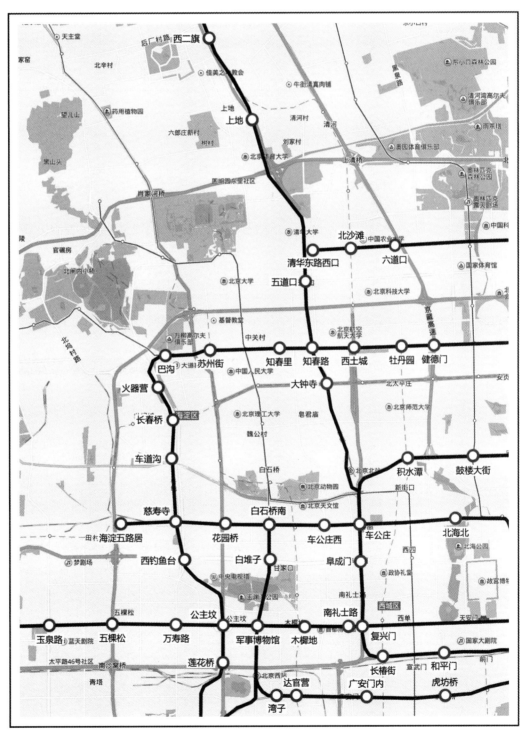

图4 研究范围

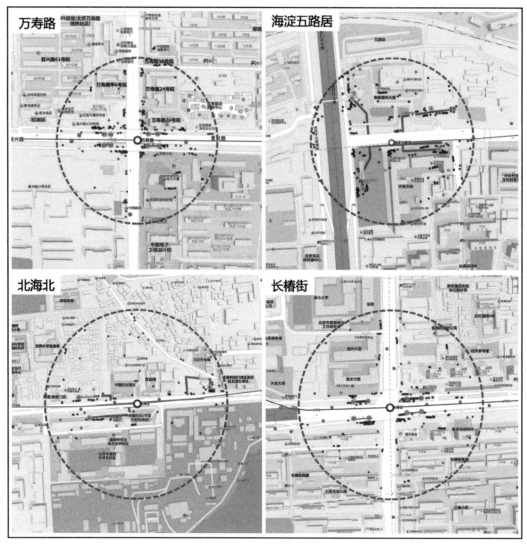

图5　轨道站点周边 ofo 小黄车分布示意

半径范围内的 ofo 小黄车订单及骑行数据（图5），有效数据共计 12 万余条。根据猎豹全球智库的数据显示，ofo 小黄车的数量约占我国共享单车市场份额的 51%，并且每周活跃渗透率为行业内最高，达到 0.523%（图6）（方杨等，2018）。因此，本文以 ofo 小黄车（后统称为共享单车）数据分析共享单车对轨道交通通勤的影响具有一定代表性。③结合谷歌卫星地图和实地调研估算出的土地利用现状数据。④从链家网站上获取的样本站点周边房价数据。

通常情况下，通勤者在工作日早高峰时段的出行活动以上班为主，而在晚高峰时段通勤者的出行目的趋于多样性。为尽可能保证数据分析的针对性和准确性，本研究仅分析工作日早高峰时段的进出站刷卡数据、OD 数据和站点周边的共享单车骑行数据。具体地说，以早高峰时段内在站点附近结束行程的共享单车数据（前端接驳）对应一卡通进站刷卡数据（出发站点），以早高峰时段内一卡通出站刷卡数据（到达站点）对应在站点附近开始行程的共享单车数据（后端接

排名	应用名	活跃渗透率	周人均打开次数
1	ofo ofo小黄车	0.523%	15.9%
2	摩拜单车	0.487%	23.3%
3	酷骑单车	0.064%	16.6%
4	永安行	0.058%	14.4%
5	小蓝单车	0.043%	18.8%
6	哈罗单车	0.032%	16.6%
7	小鸣单车	0.021%	15.8%
8	优拜单车	0.013%	16.0%
9	行者	0.009%	28.5%
10	享骑电单车	0.004%	16.4%

图6　2017 年第一季度中国共享单车 App 排行榜

驳）。另外，通过对北京市轨道交通线网客流量长期变化规律的观察，我们将早高峰时段设定为 7:30~9:30。其中，由于五道口、上地、西二旗 3 个站点附近的 IT 就业岗位规模较大，基于互联网企业一般的作息特征，我们将上述 3 个站点的早高峰时段推迟 30 分钟，即设定为 8:00~10:00。

（三）数据处理

本文参考已有研究中使用信息论熵值来表示

用地混合度的方法（林红等，2008；李俊芳等，2016），具体公式如下：

$$Landuse = \frac{-\sum_{i=1}^{k} P_{ki} \ln(Pki)}{\ln k} \tag{1}$$

约束条件为：

$$\sum_{k=1}^{4} P_{ki} = 1, i = 1, \cdots, 44 \tag{2}$$

其中，*Landuse* 为用地混合度的熵值；*k* 为站点 *i* 周边土地利用类型的数量。本研究通过分析谷歌卫星地图和实地调研轨道站点周边区域，将 44 个样本站点周边的用地状况进行统计和梳理，最终选取与通勤者居住和工作相关的商业服务业设施用地、居住用地、公共管理与公共服务设施用地三类用地类型，然后将其他用地类型统归为一类，即 *k*=4；*P_{ki}* 为第 *k* 种类型用地面积占轨道站点 *i* 周边区域总面积的比重。根据公式（1）得到的 *Landuse* 值位于 0~1 之间，值越大表示该站点周边区域内与就业—居住相关的各类用地分配越均衡，用地混合度越高；反之，则表示该站点周边区域内与就业—居住相关的各类用地分配越不均衡，用地混合度越低。

（四）研究方法

1．变量设置

为考察共享单车接驳与轨道交通通勤行为之间的关系，我们将早高峰时段内轨道站点附近的共享单车的订单数（*bikequa*）、平均骑行距离（*bikedis*）以及平均骑行时耗（*bikedur*）作为自变量，将早高峰时段内轨道站点的刷卡数（*railqua*）、平均乘车距离（*raildis*）以及平均乘车时耗（*raildur*）作为因变量，并选取了涉及轨道站点和线网特征（*line*，*initial*，*tranpos*，*exits*）、建成环境特征（*connect*，*landuse*）等方面的 6 个控制变量代入 GARCH 模型进行分析（表 2）。

2．模型选择

为了分析非正态分布的变量并解决因普通最小二乘法模型（ordinary least square，OLS）中的残差存在异方差而造成分析结果不稳定的问题，本研究选择使用广义自回归条件异方差模型（Generalized AutoRegressive Conditional Heteroskedasticity，GARCH），后简称 GARCH 模型（Bollerslev，1986；Lamoureux and Lastrapes，1990；Nelson，1990）。

首先，本文利用误差正态性（Jarque—Bera）检测方法对自变量和因变量进行检验。其中，若偏度和峭度的值分别为 0 和 3，则表明数据符合正态分布。分析结果显示，无论是出发站

变量定义 表 2

变量	定 义
bikequa	早高峰轨道站点的 ofo 小黄车订单数（次）。用早高峰时段在样本站点 200m 半径范围内开始或结束行程的 ofo 小黄车订单数表示
bikedis	早高峰轨道站点的 ofo 小黄车平均骑行距离（m）。用早高峰时段在样本站点 200m 半径范围内开始或结束行程的 ofo 小黄车平均骑行距离表示
bikedur	早高峰轨道站点的 ofo 小黄车平均骑行时耗（s）。用早高峰时段在样本站点 200m 半径范围内开始或结束行程的 ofo 小黄车平均骑行时耗表示
railqua	早高峰轨道站点刷卡数（人次）。用早高峰时段在样本站点进站或出站的交通一卡通刷卡次数表示
raildis	早高峰轨道站点的平均乘车距离（km）。用早高峰时段在样本站点进站或出站的交通一卡通本次行程的平均乘车距离表示
raildur	早高峰轨道站点的平均乘车时耗（min）。用早高峰时段在样本站点进站或出站的交通一卡通本次行程的平均乘车时耗表示
line	轨道站点所属线路数（条）。用样本站点所在的线路数表示
initial	轨道站点是否属于始发站。用虚拟变量表示，其中，1 表示该站是始发站，0 表示该站不是始发站
tranpos	轨道线路的换乘率。用与样本站点相邻的 3 个轨道站点内换乘站数表示（个）
exits	轨道站点的出入口数（个）。经修正后统计得到
connect	轨道站点出入口与周边建成环境的衔接度。根据样本站点出入口与周边环境的衔接状况由低到高记 1、2、3 分，然后取每个出入口的平均分得到
landuse	轨道站点周边的土地利用混合度。利用公式（1）计算得到

数据来源：作者整理

点还是到达站点，绝大部分变量的偏度和峭度均远离0和3，即不符合正态分布的规则。此外，根据 Jarque-Bera 检测，若拒绝原假设（原假设为接受正态分布），则表明变量不属于正态分布。由检测结果可知，大多数据都显著拒绝了原假设，这便再一次证明了各变量不符合正态分布。因此，使用 OLS 模型无法获得稳健的结果。另外，由于本研究中的因变量为具体数值而非虚拟变量（0，1），故无法使用 logit 或 probit 模型分析数据。

3．GARCH 模型的构建

本文结合工作日早高峰时段轨道站点周边共享单车的骑行数据和进出站点的一卡通刷卡数据，然后使用 GARCH 模型分别对共享单车骑行和一卡通乘车的出行量、出行时耗、出行距离进行回归，试图以此来分析共享单车接驳与轨道交通通勤的相互关系：

$$yrailqua = c_1 + c_2 bikequa + c_3 line + c_4 initial + c_5 tranpos + c_6 exits + c_7 connect + c_8 landuse \qquad (3)$$

$$yraildur = c_1 + c_2 bikedur + c_3 line + c_4 initial + c_5 tranpos + c_6 exits + c_7 connect + c_8 landuse \qquad (4)$$

$$yraildis = c_1 + c_2 bikedis + c_3 line + c_4 initial + c_5 tranpos + c_6 exits + c_7 connect + c_8 landuse \qquad (5)$$

约束条件为：

$$\varepsilon_t = u_t \sqrt{h_t} \qquad (6)$$

$$h_t = b_1 + b_2 h_{t-1} + b_3 \varepsilon^2_{t-1} \qquad (7)$$

式中，$yrailqua$ 为工作日早高峰进出站点的一卡通刷卡数，$yraildur$ 为工作日早高峰进出站点的一卡通乘车时长，$yraildis$ 为工作日早高峰进出站点的一卡通乘车距离，$bikequa$ 为工作日早高峰在轨道站点开始或结束的共享单车骑行数，$bikedur$ 为工作日早高峰在轨道站点开始或结束的共享单车骑行时长，$bikedis$ 为工作日早高峰在轨道站点开始或结束的共享单车骑行距离，$line$ 为站点所属线路数，$initial$ 为站点是否属于始发站，$tranpos$ 为站点所属线路的换乘率，$exits$ 为轨道站点的出入口数，$connect$ 为站点出入口与周边建成环境的衔接度，$landuse$ 为站点周边的用地混合度。并且，ε_t 为残差值，h_t 为条件方差。

在这里，本文利用最大似然法则（Maximum Likelihood，ML）来计算 GARCH 模型。

四、结果分析与讨论

如表3、表4和表5所示，本文将出发站点的自变量共享单车的"平均接驳量""平均接驳时长"和"平均接驳距离"对应因变量一卡通的"平均通勤量""平均通勤时长"和"平均通勤距离"分别进行回归分析发现：首先，在工作日早高峰时段内轨道站点周边结束的共

共享单车接驳量对出发站点一卡通通勤量的回归结果 表 3

	系数	标准误差	z- 统计量	概率
平均接驳量	24.1213	3.2100	7.5144	0.0000
所属线路数	5693.4900	1091.5860	5.2158	0.0000
是否始发站	7086.9100	1209.4700	5.8595	0.0000
站点换乘率	303.3270	183.6329	1.6518	0.0986
站点出口数	−293.5163	414.8868	−0.7075	0.4793
站点衔接度	78.7141	505.9657	0.1556	0.8764
用地混合度	13019.2800	4.4664	4.4664	0.0000

数据来源：利用 EViews 程序计算得到

共享单车接驳时长对出发站点一卡通通勤时长的回归结果 表 4

	系数	标准误差	z- 统计量	概率
平均接驳时长	−0.0064	0.0032	−2.0145	0.0001
所属线路数	−2.7218	0.9103	−2.9900	0.0028
是否始发站	0.2879	0.9842	0.2925	0.7699
站点换乘率	−0.9313	0.1465	−6.3578	0.0000
站点出口数	1.2836	0.2884	4.4513	0.0000
站点衔接度	−0.6386	0.3944	−1.6195	0.1053
用地混合度	−6.6598	2.3942	−2.7816	0.0054

数据来源：利用 EViews 程序计算得到

享单车骑行数与一卡通进站刷卡数在1%的置信区间内存在非常强的正相关性。也就是说，早高峰时段轨道站点的出行客流量越大，到达站点的共享单车骑行量也越大，出行效率和便捷度方面的优势使共享单车接驳轨道交通通勤出行的效用显著。另外，在早高峰时段共享单车的骑行时长和骑行距离与轨道一卡通的乘车时长和乘车距离呈显著的负相关关系，即从站点出发的轨道通勤时间和距离越长，到达该站点的共享单车骑行时间和距离越短。

如表6、表7和表8所示，本文将到达站点的自变量共享单车的"平均接驳量""平均接驳时长"和"平均接驳距离"分别对应因变量一卡通的"平均通勤量""平均通勤时长"

共享单车接驳距离对出发站点一卡通通勤距离的回归结果　　　表5

	系数	标准误差	z-统计量	概率
平均接驳距离	−0.0020	0.0001	−15.7097	0.0000
所属线路数	0.2359	0.2089	1.1295	0.2587
是否始发站	0.1832	0.2152	0.8517	0.3944
站点换乘率	−0.6521	0.0311	−21.0005	0.0000
站点出口数	−0.1725	0.0706	−2.4443	0.0145
站点衔接度	0.1439	0.0968	1.4859	0.1373
用地混合度	−0.1848	0.4081	−0.4529	0.6506

数据来源：利用 EViews 程序计算得到

共享单车接驳量对到达站点一卡通通勤量的回归结果　　　表6

	系数	标准误差	z-统计量	概率
平均接驳量	13.7261	0.5784	23.7305	0.0045
所属线路数	293.5942	83.8414	3.50178	0.0005
是否始发站	3987.6490	52.1818	76.4184	0.0000
站点换乘率	−220.3747	18.7312	−11.7651	0.0000
站点出口数	456.4023	43.3761	10.5220	0.0000
站点衔接度	349.7160	52.3224	6.6839	0.0000
用地混合度	−5049.2580	358.4816	−14.0851	0.0000

数据来源：利用 EViews 程序计算得到

共享单车接驳时长对到达站点一卡通通勤时长的回归结果　　　表7

	系数	标准误差	z-统计量	概率
平均接驳时长	−0.0092	0.0024	−3.913538	0.0440
所属线路数	1.2846	1.9157	0.670563	0.5025
是否始发站	0.3627	1.6640	0.217951	0.8275
站点换乘率	−1.0287	0.2376	−4.328693	0.0000
站点出口数	−0.5684	0.3676	−1.546232	0.1220
站点衔接度	0.3870	0.5482	0.705822	0.4803
用地混合度	4.6523	3.5108	1.325131	0.1851

数据来源：利用 EViews 程序计算得到

共享单车接驳距离对到达站点一卡通通勤距离的回归结果　　　表8

	系数	标准误差	z-统计量	概率
平均接驳距离	−0.0012	0.0003	−4.4542	0.0003
所属线路数	0.6753	0.3758	1.7969	0.0724
是否始发站	0.9147	0.5836	1.5675	0.1170
站点换乘率	−0.5493	0.0254	−21.6632	0.0000
站点出口数	−0.2348	0.0899	−2.6127	0.0090
站点衔接度	−0.2756	0.1483	−1.8584	0.0631
用地混合度	1.5880	0.6508	2.4401	0.0147

数据来源：利用 EViews 程序计算得到

和"平均通勤距离"进行回归分析后发现：工作日早高峰时段内在轨道站点周边开始的共享单车骑行数与一卡通出站刷卡数具有非常显著的正向关系。也就是说，早高峰时段轨道站点的到站客流量越大，从站点出发的共享单车骑行量也越大。此外，回归结果还显示，到达站点早高峰时段的共享单车骑行时长和骑行距离与轨道一卡通的乘车时长和乘车距离存在显著的负相关性，即到达站点的轨道通勤时间和距离越长，从该站点附近出发的共享单车骑行时间和距离越短。

随后，通过分别对比出发站点和到达站点在共享单车广泛使用前后的轨道交通通勤特征（表9），笔者发现在城市居住人口和样本站点所在线路几乎没有变化的前提下，站点的平均通勤量、平均通勤时长和平均通勤距离都有了一定增加，其中到达站点的增加幅度要大于出发站点。

共享单车普及前后样本站点轨道交通通勤特征的变化　　表9

	出发站点		到达站点	
	2015	2017	2015	2017
平均通勤客流量（万人次／日）	61.30	63.06	96.16	102.70
平均通勤时长（分钟）	30.37	30.89	40.97	41.88
平均通勤距离（公里）	11.81	11.92	16.43	16.72

数据来源：作者根据一卡通 OD 数据整理

综上所述，无论是在出发站点还是到达站点，轨道通勤的乘车时长和乘车距离与共享单车接驳的骑行时长和骑行距离都具有明显的互补性。共享单车的普及对轨道交通通勤存在一定促进作用。根据 Schafer（2000）提出的出行时间预算（travel time budget）理论，由于每天的时间总量为恒定值，人们为一般性日常活动愿意接受或所能承受的出行时耗具有一定限度。在对全球 30 个主要城市的调查研究中，Schafer 发现人们的通勤时耗并不会随着通勤距离的大幅扩大而显著增加。另外，多项相关研究中的调查问卷结果显示，接驳轨道站点的方式通常以步行为主（Olsewski and Wibowo，2005；岳芳等，2007；戴洁等，2009）。共享单车的出现提高了轨道交通通勤者的接驳效率，节省了一定通勤时间。通常情况下，当通勤（时间、费用）成本高于通勤者的承受能力时，通勤者会选择变更工作地、居住地或通勤方式。于是，可以认为原先的通勤时耗能够被通勤者接受。因此，当共享单车可以节省轨道交通通勤者前端和后端接驳站点的时间时，通勤者便能够在其总通勤时耗不变的情况下增加乘坐轨道交通的时间并扩大通勤范围，进而增加机会选择更优的就业岗位或居住条件（图7）。

通过比较出发站点和到达站点共享单车骑行与轨道交通通勤的关系，发现在出发站点二者之间的相关性更强。对于共享单车接驳特征在出发地和到达地所存在的一定差异，笔者分析有两方面原因：首先，为了保证准时到达工作地，轨道交通通勤者更倾向于在工作出行的前端路径（居住地—轨道站点）选择共享单车接驳以提高出行效率。而由于后端路径（轨道站点—工作地）的所剩路程较短，通勤者通常能够较为准确地估算出所需的剩余通勤时间。当剩余时间充足时，通勤者提高接驳效率的意愿便会下降。其次，部分通勤者在出站后通过短距离步行便可直接到达位于站点附近的工作地。此外，通过计算站点周边开始和结束行程的共享单车平均骑行时长，笔者还发现共享单车在不同站点不同时段的平均骑行时耗均趋于

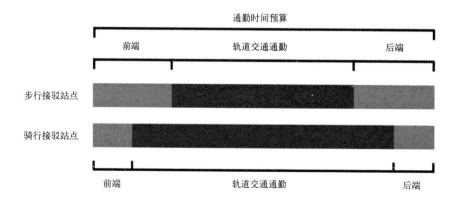

图 7　通勤时间预算和时间分配示意

一致，基本都在 10 分钟左右。这与以往研究中关于步行接驳站点的平均时耗调查结果基本相同（岳芳等，2007；黄树森等，2008；熊愿波等，2010）。也就是说，受出行者生理因素和心理因素的影响，凡是以非机动方式接驳轨道交通站点的平均时耗约为 10 分钟。

如图 8 和图 9 所示，从空间上看，各轨道站点的共享单车接驳量分布不均且没有表现出显著的区位分布特征。在考虑轨道站点周边的职住功能后，发现共享单车接驳量大的轨道站点多位于高等院校、科研院所集中和居住人口密集的地区，而在复兴门站、阜成门站等金融产业聚集的地区以及北沙滩站、火器营站等就业产业和居住人口相对较少的区域，共享单车的接驳量较少。此外，从轨道站点功能类型上看，共享单车在换乘站点的接驳量和接驳率远远小于常规站点。这一点在到达站点表现得更为显著：尽管换乘站点的通勤量（12611）远多于常规站点（8094），但其接驳量（40）和接驳率（0.005）却明显少于常规站点（89，0.012）（表 11）。笔者分析，相比常规站点，换乘站点通常与相邻车站的间距较短，且周边区域站点密度较高。另外，不少换乘车站本身就位于就业聚集地（如复兴门站等）。因此，通勤者无需骑行而仅依靠步行就可以方便快捷地完成前后端的接驳。

五、结论与建议

在过去，人们的日常通勤构成较为单一，就业者通常除步行外只选择一种通勤方式。随着互联网时代的来临和共享经济的出现，人们的生活节奏不断加快。通勤行为的时空特征呈现出碎片化的发展趋势，通勤方式也开始由竞争（单一选择）向合作（多项选择）转变。智能化的共享单车为我们利用大数据方法研究自行车接驳与轨道交通通勤行为的相互关系提供了便利和可能。本文以北京市 44 个轨道站点为例，基于共享单车出现前后的轨道交通一卡通刷卡数据、OD 数据以及 ofo 小黄车骑行数据建立 GARCH 模型，分析了共享单车对于城市轨道交通通勤行为的影响并得到以下发现：

第一，工作日早高峰时段轨道站点的刷卡数与站点附近共享单车的骑行数存在显著的正相关性，即客流量越大的轨道站点以共享单车进行接驳的通勤者越多。由此可知，共享单车对轨道交通通勤的接驳作用明显。

第二，早高峰通勤时段的共享单车骑行时长和骑行距离与相对应的轨道交通乘车时长和乘车距离具有较明显的负向关系，且出发站点比到达站点二者之间的关联性更为显著。因此，共享单车接驳对轨道交通通勤具有一定的互补作用。

第三，以共享单车方式接驳站点的轨道交通通勤者越多，出发或到达该站点的通勤者的通勤时间和通勤距离越长。也就是说，共享单车的出现会强化轨道交通通勤与职住平衡状

部分站点共享单车前后端接驳率比较　　　　表 10

站点名称	前端	后端	站点名称	前端	后端
健德门	2.24	1.22	西钓鱼台	3.16	1.67
牡丹园	3.30	1.57	公主坟	0.56	0.27
西土城	3.63	0.64	花园桥	1.24	0.79
知春路	1.87	1.34	大钟寺	4.13	2.01
知春里	0.87	0.46	五棵松	1.46	0.92
苏州街	1.74	0.44	西二旗	0.67	0.06
巴沟	2.19	1.61	五道口	5.06	2.87
火器营	0.73	0.28	南礼士路	3.85	0.80

资料来源：根据共享单车和一卡通数据计算得到

常规站点和换乘站点的通勤和接驳特征比较　　　　表 11

	出发站点			到达站点		
	接驳量 （次／天）	通勤量 （次／天）	接驳率 （%）	接驳量 （次／天）	通勤量 （次／天）	接驳率 （%）
常规站点	82	4547	0.019	89	8094	0.012
换乘站点	32	3968	0.009	40	12611	0.005

资料来源：根据共享单车和一卡通数据计算得到

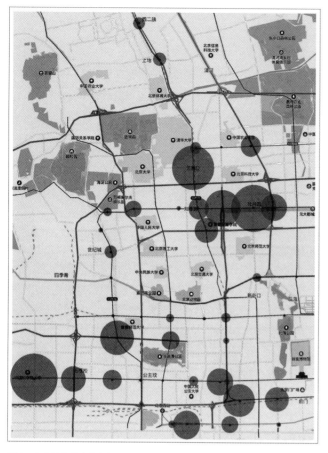

图 8 出发站点共享单车接驳量分布

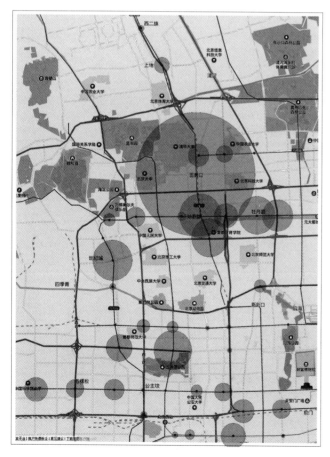

图 9 到达站点共享单车骑行量分布

况之间的原有关系。

第四，周边科教研发产业集中、居住人口密集的轨道站点的接驳量和接驳率相对较高，而金融产业聚集和居住人口较少的站点接驳量和接驳率则相对较低。另外，换乘车站通常会比常规站点的站点接驳量和接驳率更低。

综上所述，共享单车的出现在一定程度上能够解决居民出行"开始一公里"和"最后一公里"的问题，提高轨道交通通勤的接驳效率。另外，通过 GARCH 模型分析和方差分析所得出的共享单车对轨道交通通勤具有一定互补作用，轨道交通通勤与共享单车接驳的反向关联性支持了"出行时间预算"理论。轨道站点的功能属性、站点周边的产业类型以及居住人口密度等因素会对共享单车的接驳行为特征产生一定影响。因此，在客流量过大的站点周边居住人口密集和就业岗位集中的地区合理布置共享单车，不仅能够提高共享单车的利用效率，还可以在改善就业者通勤效率和便捷度的同时缓解轨道站点的客流压力。在对职住平衡的影响方面，共享单车的使用与轨道交通通勤者的职住空间状况存在负向关系，但目前的研究还不足以推断出这种相关性是由于就业者轨道交通通勤距离的增加还是短距离轨道交通通勤者的减少。尽管如此，从时间成本的角度看，共享单车对于轨道交通通勤者的就业—居住关系的实际负面影响非常有限。相比之下，共享单车在提高通勤者的通勤效率和可达性、增加就业机会和居住选择等方面则起到一定积极作用。

基金项目：国家自然科学基金项目（51678029，51778039）；中国城市轨道交通协会专项研究项目（A17M00080）

参考文献（References）：

[1] 北京统计局．北京统计年鉴（2008—2017）[R]．北京：中国统计出版社，2009—2018．

[2] 北京交通发展研究院．北京市交通发展年度报告（2008—2017）[R]．北京：北京交通发展研究院，2009—2018．

[3] 比达咨询．2017年 Q1 共享单车市场研究报告 [R/OL]．比达咨询，2017-05-16[2018-08-28]．http://www.bigdataresearch.cn/content/201705/455.html．

[4] BOLLERSLEV T. Generalized Autoregressive Conditional Heteroskedasticity[J]. Journal of Econometrics, 1986 (3)：307-327.

[5] 曹雪柠，王炜，季彦婕等．公共自行车换乘轨道交通行为影响因素分析 [J]．交通运输工程与信息学报，2015 (4)：96-101，119．

[6] 戴洁，张宁，何铁军等．步行环境对轨道交通站点接驳范围的影响 [J]．都市快轨交通，2009 (5)：46-49．

[7] 邓力凡，谢永红，黄鼎曦．基于骑行时空数据的共享单车设施规划研究 [J]．规划师，2017，(10)：82-88．

[8] 杜彩军，蒋玉琨．城市轨道交通与其他交通方式接驳规律的探讨．都市快轨交通，2005，18 (3)：45-49．

[9] 方杨，管慕飞．共享单车全球发展报告：战火燃至东南亚，欧美的坚冰谁来打破 [R/OL]？猎豹全球智库，2018-03-

07[2018-08-25]. http://cn.data.cmcm.com/report/detail/247.

[10] 黄树森,宋瑞,陶媛. 大城市居民出行方式选择行为及影响因素研究——以北京市为例交通标准化 [J]. 2008 (9)：
124-128.

[11] 黄小燕. 自行车与轨道交通换乘问题的研究 [J]. 交通标准化, 2011 (3)：80-83.

[12] LAMOUREUX C, LASTRAPES W. Heteroskedasticity in Stock Return Data：Volume versus GARCH Effects[J].
The Journal of Finance, 1990 (1)：221-229.

[13] 林红, 李军. 出行空间分布与土地利用混合程度关系研究——以广州中心片区为例 [J]. 城市规划, 2008 (9)：
53-56, 74.

[14] 林俊. 共享单车：出行的新宠 [N/OL]. 中国产经新闻报, 2016-12-06[2018-08-27]. http://finance.sina.com.
cn/roll/2016-12-06/doc-ifxyiayq2548321.shtml.

[15] 李俊芳, 姚敏锋, 季峰等. 土地利用混合度对轨道交通车站客流的影响 [J]. 同济大学学报：自然科学版,
2016 (9)：1415-1423.

[16] 李配配, 崔珩. 公共自行车与轨道交通的接驳与换乘研究 [J]. 交通科技, 2013 (1)：154-157.

[17] 马培, 吴海燕. 自行车换乘轨道交通行为机理及模型研究 [J]. 北京建筑工程学院学报, 2011 (2)：36-40.

[18] NELSON D. Stationarity and Persistence in the GARCH (1, 1) Model[J]. Econometric Theory, 1990 (3)：318-
334.

[19] NILLES J. Telecommunications-transportation Tradeoff：Options for Tomorrow[M]. Hoboken, NJ：John Wiley
& Sons, 1976.

[20] OLSZEWSKI P, WIBOWO S. Using Equivalent Walking Distance to Assess Pedestrian Accessibility to Transit
Stations in Singapore[J].Transportation Research Record Journal, 2005 (1)：38-45.

[21] SCHAFER A. Regularities in Travel Demand：An International Perspective[J]. Journal of Transportation and
Statistics, 2000 (3)：1-33.

[22] 熊愿波, 胡永举, 王昊. 城市居民高峰时段出行方式选择 [J]. 交通科技与经济, 2010 (5)：59-63.

[23] 王文红, 关宏志, 王山川. Nested-logistic 模型在轨道交通衔接方式选择中的应用 [J]. 城市轨道交通研究,
2008 (7)：25-30.

[24] 五一. 租赁自行车接驳城市轨道交通问题探讨 [J]. 交通与运输, 2010 (4)：1-4.

[25] 杨梅, 王峰. 轨道交通站点慢行交通设施衔接规划研究 [J]. 交通与运输, 2012 (12)：166-169.

[26] 岳芳, 毛保华, 陈团生. 城市轨道交通接驳方式的选择 [J]. 都市快轨交通, 2007 (4)：36-39.

[27] 易观. 2017 年 6 月中国共享单车市场研究报告 [R/OL]. 易观, 2017-07-28[2018-08-28]. https://www.
analysys.cn/analysis/22/detail/1000833/.

[28] 张纯, 崔璐辰. 互联网时代信息通讯技术对通勤行为的影响研究 [J]. 西部人居环境学刊, 2017 (1)：23-30.

[29] 赵建有, 王鑫, 刘畅, 等. 西安市后轨道交通时代的自行车换乘规划研究 [J]. 交通信息与安全, 2012 (1)：
68-70.

图片来源：

图1：北京统计局，北京交通发展研究院
图2：北京交通发展研究院，2017
图3：比达咨询，2017
图4：作者自绘
图5：作者自绘
图6：猎豹智库，2017
图7：作者自绘
图8：作者根据共享单车接驳数据自绘
图9：作者根据共享单车骑行数据自绘

（获奖论文指导老师：张纯，北京交通大学建筑与艺术学院城市规划系副主任。副教授，博士生导师）